中国肉鸡产业兽药投入经济技术效果及减药路径优化研究

张灵静　王济民　著

中国农业出版社

北　京

图书在版编目（CIP）数据

中国肉鸡产业兽药投入经济技术效果及减药路径优化
研究 / 张灵静，王济民著. -- 北京 ：中国农业出版社，
2024. 11. -- ISBN 978-7-109-32613-2

Ⅰ. S831.4

中国国家版本馆 CIP 数据核字第 2024UU9381 号

中国肉鸡产业兽药投入经济技术效果及减药路径优化研究
ZHONGGUO ROUJI CHANYE SHOUYAO TOURU JINGJI JISHU XIAOGUO
JI JIANYAO LUJING YOUHUA YANJIU

中国农业出版社出版

地址：北京市朝阳区麦子店街 18 号楼

邮编：100125

责任编辑：赵　刚

版式设计：王　晨　　责任校对：吴丽婷

印刷：北京中兴印刷有限公司

版次：2024 年 11 月第 1 版

印次：2024 年 11 月北京第 1 次印刷

发行：新华书店北京发行所

开本：720mm×960mm　1/16

印张：12.5

字数：185 千字

定价：88.00 元

前言

FOREWORD

兽药具有预防畜禽疾病、治疗畜禽疾病以及促进畜禽生长的作用。然而，兽药使用过程中带来的诸如耐药菌、药残环境污染等负外部性问题引起人们高度关注，减药呼声迫切。在世界范围内，禽肉产业作为畜牧业中的重要部门，一直呈现快速增加的趋势，2016 年禽肉已超过猪肉成为第一大肉类。目前，我国鸡肉产业在畜牧业中的地位和作用不断上升，特别是在非洲猪瘟期间，对肉类保供稳价做出了突出贡献，但其消费需求一直受到兽药残留问题的困扰。深入研究肉鸡养殖兽药减量问题，对促进我国肉鸡以及畜牧业高质量发展意义重大。

为优化肉鸡产业兽药减量措施，促进肉鸡产业高质量发展，本书在全面综述国内外兽药减量化文献的基础上，根据生产者行为理论、家禽养殖科学、动物健康管理理论以及最优化原理，基于 9 省 334 个肉鸡养殖场调研数据，主要采用损害控制模型、似不相关回归模型、兽药投入影响因素模型和贝叶斯信度网络模型，对兽药的经济效果和技术效果（兽药对肉鸡养殖技术性能指标的影响）、养殖场（户）兽药使用的影响因素、兽药减量化路径及最优措施组合，进行深入系统分析，最后提出促进肉鸡产业兽药减量化的政策建议。

本研究主要贡献在于，采用第一手养殖场（户）调研数据，将药物划分为预防性用药和治疗性用药，测算了两类药物使用的经济效果和技术效果，较为全面地回答了肉鸡养殖用药"是否过量"的问题；根据动物健康管理理论以及计划行为理论，将养殖主体对兽药使用的认知、市场价格和执法监督等因素一起纳入分析框架，深入探讨兽药使用的影响因素，进一步丰富了养殖主体兽药使用决策行为理论；考虑疫病风险和市场风险等诸多不确定性的影响，以及药物投入与动物福利、生物安全和科学用药之间的非线性关系，采用贝叶斯信度网络（BBN）模型，分析了三种减药路径的相互影响机制，提出了减少兽药使用的替代组合和可行路径。

主要发现和结论如下：

第一，我国肉鸡养殖场兽药使用种类繁多、用途多样，在兽药投入中抗生素投入占比最大，其使用剂量高于养殖—发达国家水平。单只鸡药物总投入成本为1.39元，其中预防性用药平均投入成本为0.83元，治疗性用药平均投入成本为0.56元。在兽药投入中，抗生素投入成本为0.67元，占兽药总投入的48%，抗生素是兽药投入成本中最高的药物。国际比较发现，我国单只鸡抗生素投入剂量高于欧洲9国肉鸡养殖场和美国无抗肉鸡养殖，但低于越南肉鸡养殖场以及美国有抗养殖场。

第二，Weillbull形式的损害控制模型计算结果表明，兽药具有良好的经济效果，投入并不过量，兽药使用量增加仍然可为肉鸡养殖业带来可观的经济效益。每百只鸡预防性兽药投入的边际产值为2.3528元，即每百只鸡每追加1元预防性兽药投入，还能获得1.4元的纯收入；每百只鸡治疗性兽药投入的边际收益为2.8673元，即每百只鸡每追加1元治疗性兽药投入，还能获得1.9元的纯收入。从经济效果的角度而言，我国肉鸡产业兽药投入还没有过量。

第三，养殖技术性能似不相关回归模型测算结果表明，兽药具有良好的技术效果，兽药投入对日增重、饲料报酬和死亡率三项养殖性能指标都有正向影响。总体看，药物投入对于日增重弹性为0.0706，料肉比弹性为—0.0766，死亡率弹性为—2.5409，即药物投入增加1%，日增重将增加0.0706%，料肉比将降低0.0766%，死亡率将降低2.5409%；分类看，预防性药物增加1%，死亡率将减少1.5488%，对日增重和料肉比影响不显著；治疗型药物每增加1%，日增重将增加0.0751%，料肉比将减少0.0397%，死亡率将减少0.9453%。这表明兽药投入对缩短饲养周期，提高饲料转化率，降低死亡率具有积极的影响。如果在当前养殖技术状态下，强制减少兽药可能会对养殖技术性能和产出产生负面影响。

第四，养殖主体兽药使用影响因素模型分析表明，用药预期、肉鸡价格是正向影响兽药投入的主要因素；养殖规模、兽药价格、科学知识、严格监管和养殖模式是负向影响药物投入的主要因素。用药预期收益对药物投入影响显著为正，系数为0.002 2，说明养殖主体在兽药提升技术性能上具有较大的依赖性。药残处罚对药物投入影响显著为负，系数为—0.235 8，说明药残超标从重处罚对遏制不合理用药效果显著；兽医知识对药物投入影响显著为负，系数为—0.075 6，说明加强科学用药知识宣传有利于减少药物的投入。出栏价格对药物投入影响显著为正，系数为0.011 5，验证了市场因素是影响药物投入的重要因素。药物特别是营养保健品价格对药物投入影响系数为—0.138 0，表明对营养保健品价格进行调控，会减少药物投入。饲养规模对药物投入影响显著，系数为—0.013 8，说明提升饲养规模，有利于减少药物投入；经营方式为"公司＋农户"或"一条龙公司"的经营方式用药显著低于"农户"养殖场，说明提升产业化水平有利于减少兽药的使用。

第五，贝叶斯信度网络模型分析表明，兽药投入与科学用药、生物安全、动物福利具有较强的替代关系，为尽量避免兽药减量对经济效益和技术效益所造成的损失，兽药减量要采取提升科学用药、生物安全、动物福利水平替代兽药的道路。目前，我国肉鸡养殖的科学用药、生物安全、动物福利综合平均得分分别为0.44、0.72和0.67，与最佳水平仍有较大差距。科学用药、生物安全和动物福利三条减药路径与药物投入存在弱负相关的关系（$P=-0.01$；$P=-0.11$；$P=-0.02$），表明通过提高科学用药、生物安全和动物福利水平可以实现药物减量使用。药物投入、科学用药、生物安全、动物福利单一路径分别处于最高水平时，技术效果和经济效果均可能达到良好状态，但都不能达到最佳状态；在药物投入处于低和最低水平，且保证技术效果和经济效果处于最高水平的理想状态下，减药路径应为大力加强生物安全措施、进一步提高饲养动物福利水平、雇佣专职兽医提高科学用药水平。

第六，在兽药投入仍然具有明显的经济技术效益的情况下，要实现兽药替代性减量化必须从政府和养殖企业两个方面共同发力。政府要进一步强化疫病防控体系建设，深入实施《全国肉鸡遗传改良计划（2014—2025）》，加强种源创新核心技术攻关，完善兽药监察体系，及时更新相关技术标准，出台激励措施和政策，支持养殖场采用生物安全和动物福利技术，鼓励无抗养殖。养殖企业要加快推进肉鸡产业化进程，着力提高生物安全水平，高度重视动物福利措施，合理规范用药，逐步减少药物投入。

目　录

CONTENTS

第1章 绪 论

1.1 问题提出

细菌耐药性问题凸显，兽药减量呼声迫切。2016 年第 71 届联合国大会将细菌耐药性视为"最大最紧迫"的全球风险，细菌耐药性不仅导致新药生产压力增加，更带来人类死亡风险上升。一方面，细菌耐药性导致全球抗生素使用总量持续增加，特别是对新型抗生素的需求，到 2030 年全球使用的抗生素将比 2010 年增加 67％。另一方面，日益严峻的细菌耐药性问题给人类健康带来巨大的威胁，目前全球每年因细菌耐药性造成的死亡人数达 70 万人，到 2050 年这一数据可能达到 1 000 万人（Brower，2015；Chantiziaras and Filip，2014）。兽药使用是细菌耐药性产生的主要因素之一，耐药菌可通过人与动物直接接触、动物源性食品传播、空气传播三大途径传染给人类（Bentley‐phillips and Grace，2006；Marshall and Levy，2015）。为此，世界卫生组织（WHO）向全球呼吁"如不采取行动，我们将无药可用"。

兽药减量是实现畜牧业高质量发展的必然要求。当前我国畜牧业进入高质量发展阶段，这就要求在提升畜禽产品安全供应能力的同时显著提高绿色发展水平。兽药作为特殊的生产要素，因其预防、治疗及促生长作用为畜牧业保驾护航，但大量使用兽药也带来了成本攀升、产品质量不安全等负面效应。为此，相关部门从指导意见到行动方案，由点及面，逐步深化实施兽药减量措施。2020 年 9 月，《国务院办公厅关于促进畜牧业高质量发展的意见》（国办发〔2020〕31 号）发布，提出加强兽用抗菌药综合治理，实施动物源细菌耐药性监测、药物饲料添加剂退出和兽用抗菌药使用减量化行动。随后，农业农村部启动《全国兽用抗菌药使用减量化行动方案（2021—2025 年）》，旨在全面减少抗生素的使用，兽药减量已成提升产业发展的必然举措。

兽药残留环境污染问题日益突出，减少兽药使用迫在眉睫。20 世纪 90 年代初期，部分畜牧业生产大国开始调查兽药残留现状，结果令人吃惊，全球 60％的河流检出药物残留，德国、荷兰、美国等发达国家的水体中检测出 80 多种抗生素残留，其中，德国地下水中甲氧嘧啶的浓度达到 410 纳克/升，药残环境污染引起欧洲民众高度关注，成为发达国家畜牧业发展中讨论的中心议题之一（KFC，2002；Sockett et al.，2014；郑钢，2020；马文瑾等，2020）。国内兽药残留污染同样令人揪心，广州化学研究所应国光教授对全国 582 个流域药物浓度调查结果说明，我国河流药物残留的平均浓度为 303 纳克/升，海河和珠江流域是抗生素污染最为严重的区域，珠江枯水期红霉素含量高达 423 纳克/升。追究药物来源，养殖业用药占一半左右。鉴于药残环境污染问题严重性，我国相关管理部门出台多项监管政策，力图控制兽药使用，减少药残环境污染。

消费者高度关注肉鸡产业兽药使用，要求提高鸡肉品质。目前鸡肉已成全球第一大肉类，年产量突破亿吨，2011—2021 年鸡肉产量平均增长率为 3.36％，是猪肉和牛肉的 6 倍。从消费上看，10 年来全球鸡肉年消费平均增长率达到 3.31％，并呈现持续增加的趋势。我国作为世界鸡肉产量排名第三的国家，自非洲猪瘟以来，鸡肉消费平均增长率达 17.95％，人均消费量为 8 千克，然而与肉鸡生产大国（地区）的美国、欧盟、巴西相比，人均消费量尚存较大差距，当前美国人均鸡肉消费量为 43.8 千克，是我国的 5 倍，欧盟 18 千克，是我国的 2 倍，巴西人均鸡肉消费量 44 千克，是我国的 5 倍。分析原因，消费者对肉鸡饲养用药存在疑惑，缺乏消费信心是主要因素之一，特别是近年来"肉鸡长得快是因为有激素""六个翅膀怪鸡"甚嚣尘上，严重削减了消费者的消费信心，抑制了肉鸡产业的发展。在"吃得营养、吃得健康"引导下，肉鸡产业用药备受消费者关注，兽药减量化使用直接影响肉鸡产业高质量发展。

基于以上背景,本研究拟对肉鸡产业兽药减量的四个问题进行深入研究:

一是兽药使用状况。从消费视角看,肉鸡产业化生产较传统的饲养方式有较大差异,鸡只生长速度快,生产周期短,肉鸡用药流程鲜为人知,消费者产生了"长得快是因为药物催长"的猜测,严重阻碍鸡肉消费,因此,亟须摸清肉鸡产业兽药使用的现状。重点了解:①肉鸡产业使用哪些种类的药物;②药物使用时间有多长;③药物使用剂量是多少;④药物投入成本是多少。

二是兽药使用效果。兽药具有控制疫病风险和促进畜禽快速生长的作用,是保证肉鸡产业顺利发展的重要生产要素,如果采用行政手段强制减药,非但不能达到预期效果,可能增加疫病风险,反而增加养殖成本,不利于肉鸡产业的发展。因此,从产业发展的视角需要论证能否减药?也即对于当前肉鸡产业而言,兽药投入到底是否过量?针对减药问题,本研究拟通过兽药的经济效果和技术效果的测量,判断肉鸡产业兽药投入是否过量,以此说明减药的可行性。

三是兽药使用行为影响因素。从耐药性危害以及药残环境污染的外部性看,兽药减量具有很大必要性。从政策上看,农业农村部提出了畜牧业绿色发展理念,实施了《兽用抗菌药使用减量化行动试点工作方案》,进一步说明减药刻不容缓。在市场经济条件下,养殖场是一个独立的经营主体,在各种内外部因素的作用和约束下,追求利润最大化,要想实现兽药减量,就必须深入分析养殖场兽药投入的决策行为,找出影响兽药使用的主要影响因素,为当前的政策实践提供决策建议。

四是兽药减量路径的最佳组合。兽药减量使用是国内外畜牧业发展的趋势,鉴于兽药的重要作用,兽药减量应在不影响畜禽养殖和市场供求的情况下进行,何种路径能满足这一要求,这就需要对不同的减药路径进行讨论,在考虑技术效果和经济效果的约束下寻找合适的减药路径。

上述问题的研究为畜牧业其他畜种的兽药减量化以及其他农业领域的农药减量化研究提供可借鉴和参考的研究框架和方法,具有一定的理论价值;对于指导养殖主体科学合理使用兽药、政府相关部门指导和监督兽药使用具有参考价值和实践意义；为国家和政府相关部门科学制定兽药减量化相关政策以及贯彻实施提供重要的理论依据和决策参考；最终有助于提高政府部门兽药使用的公共管理水平，有力推动我国兽药减量化行动顺利实施，对提高畜产品质量安全水平，保护生态环境，促进我国肉鸡业绿色健康发展具有重要现实意义。

1.2 文献综述

由于国内兽药减量化实践还处在探索和初步实施阶段，研究相对滞后。当前的研究主要从兽药经营及使用规范、兽药残留及行业监管、兽药使用行为影响因素和兽用抗菌药替代品这几个方面进行定性研究，可借鉴的理论和研究方法较为有限；国外特别是欧美发达国家兽药减量化实践较早，研究紧密结合生产实践，形成了较为完善的理论框架和成熟的研究方法，为本研究提供了借鉴和参考。因此，文献综述部分主要归纳和梳理国外研究成果和进展，主要集中在以下五个方面。

1.2.1 科学用药经济学测量研究

判断兽药是否过量的经济学方法主要有两种：一是采用风险损害控制模型（Blackwell et al. 1986；Benjamin et al.，2010；Affognon，2007），将追加药物的单位成本与其所产生的边际收益做对比，若边际收益能涵盖追加药物的单位成本，则药物投入不过量，继续追加药物有利可图。若边际收益不能涵盖追加药物的单位成本，则药物投入过量，继续追加药物将带来亏损。从数学形式上看，药物边际收益与药物投入的单位成本比值若大于或等于1，药物投入不过量，若小于1则过量。风险损害控制模型广泛用于生猪、肉牛产业治疗性药物投入的优化决策。二是采用随机前沿生产函数（Key and McBride，2014），比较用药与不用药的效率，以用药产出和不用药的产出之差来衡量药物的经济效果，若二者之差为负，说明继续使用该药物将带来产量的损失，生产者不应使用该药物。该方法主要应用于预防性药物及促生长类药物投入的影响分析。Key et al.（2014）研究表明，与不使用亚治疗性抗生素的情况相比，美国生使用亚治疗性抗生素的生猪出栏体重平均提升 3%，标准差减少 1.4%，即使用亚治疗性抗生素促进了产出的提高，增加了产出稳定性。

1.2.2　兽药减量替代方法研究

减药与疫病防治的矛盾是畜牧业高质量发展面临的主要矛盾之一。畜牧业提质增效、高质量发展要求减少兽药使用，尤其是烈性药物的投入，然而由于疫病防治难度不断加大，又迫使畜牧业不断增加药物的投入，特别是新药物的投入。在政策实践中，如果采用行政手段强制减药，可能会给畜牧业发展带来更大的风险，因此，寻求替代性措施成为学者们常讨论的减药方法。当前主要替代性措施有三种，一是以低毒保健性药物代替高毒烈性药物，如以中药代替化学药物防治病毒性疫病，以微生态制剂代替部分抗生素预防动物细菌感染等（Drummond et al.，1987；Hammer，1999；Kruse et al.，2020；叶岚，2013）。总的来说，低毒保健型药物尚处在研发阶段，且成本投入较高，该方法使用尚不普及。二是通过改善动物福利，提升畜禽健康水平，降低疫病感染率，减少药物使用（Peneva，2011；顾宪红等，2011；Horgan，2007；Buller et al.，2018）。虽然提高动物福利会增加养殖场的要素投入成本，但消费者愿意为改善产品质量提供更高的溢价，最终会提升养殖企业经济效益，因此提升动物福利已成减药的主要措施之一（Goodwin and Shiptsova，2000）。三是提高生物安全水平，抑制病原菌群传播，降低疫病感染，减少药物投入（Martelli，2009；Postma et al.，2016；Postma et al.，2016）。从生长性能上看，生物安全水平不仅对死亡率有显著影响，对日增重也同样具有显著影响，较高的养殖场不仅死亡率较低，畜禽的日增重也较高（Kruse et al.，2018）。

1.2.3　兽药减量的经济影响研究

一是减药对产业的影响研究，药物投入与一般生产要素的投入不同，除了具有类似于饲料的促生长作用，还具有预防和治疗作用。减药对产业的影响取决于多方面因素，其中减药方法是主要决定因素之一。例如，若采用行政手段禁止促生长及治疗性药物的使用，将直接带来产出的损失，若采用较为宽松的措施限制预防性药物的使用，一般会产生较好的正面效应（Algozin et al.，2001；Brorsen，2002；Rodrigues et al.，2019）。此外，减药对产业的影响还取决于减药阶段的选择，在育肥阶段减少亚治疗性抗生素的使用对产出影响不显著，在保育阶段则影响显著（key et al.，2014）。

二是减药对市场的影响，兽药对市场的影响主要表现为对价格、生产者剩余及消费者剩余的影响。从欧美等国家的减药实践看，减少促生长性药物会延长畜禽生长周期，增加饲养成本，降低产出，提升市场价格（Wade and Barkley，1992；Hayes et al.，2001；Sneeringer et al.，2015），然而由于消费者愿意因畜禽产品品质的提高而增加额外的成本，生产者剩余将明显增加，消费者剩余出现下降（Lusk，2006；Lawson et al.，2007；Key and Mcbride，2014）。此外，通过严格执行药残标准，降低药物投入对全球动物产品贸易额产生显著的正向影响（Sneeringer et al.，2015）。

1.2.4 生产者减药意愿研究

总体上看，生产者选择某种药物意愿受认知、态度等主观因素的影响以及市场、个人特征、养殖特征等客观因素的影响。例如养殖主体认为某些疫病的控制的责任主体在政府，就会减少某种药物的采用（Ochieng and Hobbs，2017）。客观因素中市场因素是养殖主体主要考量的因素之一，畜禽产品市场价格越高，养殖主体越倾向于增加药物的投入（Benjamin et al.，2010）。个人特征、养殖特征也是影响养殖主体药物意愿选择的主要因素之一，年龄较大的养殖主体，养殖经验较为丰富，且对养殖场发展预期较低，更愿选择价格较低的药物。产业化程度较高的养殖场，更愿意通过提升生物安全、动物福利和科学用药水平，减少药物投入。例如，一体化的养殖场，通过聘请专业兽医，精准诊疗，减少药物使用，专业兽医在药物选择上拥有较高的决定权（Moran，2017；Ge et al.，2014）。

1.2.5 主要国家合理用药政策研究

根据欧盟成员国及美国当前畜牧业兽药减量政策实践，可以将兽药减量政策分为 3 类：一是提升防治服务，主要通过发展兽医队伍、完善防疫制度、建立疫病预警机制，降低畜禽疫病感染率，减少药物使用（Firkins，2003）。二是采取强硬的禁药手段，硬性减少某些药物使用，如丹麦实施黄卡政策，制定抗生素使用的安全标准，将部分烈性抗生素纳入禁用清单，依靠惩戒力量强制降低亚治疗性抗生素的使用。三是推广替代性技术体系。美国通过实施危害分析和关键控制点（Hazard Analysis and Critical Control Point，HACCP）管理体系，大力提升生物安全和动物福利水平，降低疫病风险，达到减药目标。发达国家减药实践表明，采取强制性行政手段的做法值得警惕，这一做法往往会增加疫病的暴发率，提高死亡率，增加治疗成本，降低产出水平（Beyene and Tesega，2014；Joseph，2014；Carrique‐Mas and Van，2009）。

1.2.6 文献评述

已有研究主要集中于兽药效率的测量、兽药减量的经济影响、生产者减药意愿研究、减药路径、减药政策五个方面。总体来看，国外研究居多，国内研究较少，国内甚至严重缺乏养殖场户兽药使用情况的基本资料。国外文献中，研究内容细致，大多集中于饲料中作促生长剂的抗生素的作用，抗生素减量对生产者、消费者和市场供需的影响，抗生素耐药性和对环境的影响，同时也对减药途径和措施进行了大量讨论。针对各类具体畜禽养殖品种的系统兽药经济研究较少。特别是针对减药路径的探讨相对单一。主要探讨替代性药物、科学用药、生物安全、动物福利四种减药路径中的某一种，或将减药与食物安全、动物福利进行结合研究。当前兽药减量问题成为全球畜牧业关注的焦点，寻求科学合理的减药措施，提升畜牧业发展质量逐步成为各国政策制定者寻求的目标，可以预见随着发展中国家畜牧业产业化飞速发展以及国家间合作交流加深，基于全球视野研究药物合理利用将成为未来的研究趋势。

1.3 研究目标和研究内容

1.3.1 研究目标

本研究的总目标在于，肉鸡产业在畜牧业中占有极其重要的位置，研究肉鸡产业兽药减量将为畜牧业提质增效，促进畜牧业健康发展提供参考。具体目标为：第一，长期以来人们对肉鸡产业化养殖中兽药使用存在诸多不解和误读，因此，摸清我国肉鸡产业兽药使用情况，揭开"肉鸡产业究竟是如何用药"的疑团是本研究的首要目标。第二，兽药作为特殊的生产要素，对畜牧业发展具有独特的重要作用，通过测定兽药使用的经济效果和技术效果，揭示药物对产出的作用，为兽药减量提供经济技术参数和科学依据。第三，兽药投入受诸多因素的影响，厘清药物投入的影响因素，探究药物投入内部机理，为优化兽药减量政策提供参考。第四，当前减药有多种路径，由于生产系统的复杂性及不确定性，药物投入与减药路径之间关系也十分复杂，探索药物投入与减药路径的关系，寻求优化减药路径的方案，为企业生产实践提供指导。第五，肉鸡产业是畜牧业中产业化水平最高的门类，研究肉鸡产业兽药减量，将为生猪、肉牛及肉羊产业兽药减量的路径优化提供借鉴。

1.3.2 研究内容

本研究分为八章：

第一章为绪论。首先阐述问题，具体包括问题提出的背景、研究问题及研究意义。其次为文献综述，包括科学用药的经济学测量、兽药减量的替代方法研究、兽药减量的经济影响研究、生产者减药意愿研究、主要国家合理用药政策研究 5 个方面，文献综述为本研究提供研究方法和思路借鉴；第三部分为本研究的研究目标和研究内容，包括本研究为肉鸡产业提质增效提供参考的总体目标以及四个具体目标；第四部分为研究方法，针对研究的主要问题，采用损害控制模型、似不相关回归以及贝叶斯信度网络等方法；第五部分为技术路线，以图形展示研究主要问题、思路及研究方法。

第二章为兽药产业现状、监管制度及减药政策概述。具体包括三方面内容：一是梳理了兽药生产发展历程、兽药主要种类、生产规模、兽药使用情况，并从国内兽药经营模式、进出口等介绍了我国兽药市场销售情况。二是从法律法规、监管机构、执行情况等方面介绍了我国兽药监管制度的变迁。三是阐述了我国主要减药政策以及存在的问题。

第三章为我国肉鸡产业用药现状。首先介绍了我国肉鸡产业的世界地位及中国肉鸡产业的发展概况。基于调研数据，分析了我国肉鸡疫病现状及兽药使用现状，内容包括四个方面。一是数据来源和样本特征，重点分析样本特征，具体从地区、肉鸡养殖场和人员三方面入手，描述研究对象的样本特征。二是我国肉鸡养殖疫病现状，主要包括疫病病种和疫病的危害。三是肉鸡产业兽药使用的现状，具体包括药物的来源、用药的种类、用药的天数、用药的剂量、用药的成本和药物性饲料添加剂。四是国际比较，将我国肉鸡产业兽药使用分别与主要肉鸡生产发达国家与主要发展中国家的肉鸡兽药使用情况进行比较，以说明我国当前肉鸡产业兽药使用在国际上的位置。

第四章为兽药经济效果测量。通过损害控制模型，计算单位药物投入成本边际收益情况，从经济学角度判断用药是否过量。本部分采用四种形式的损害控制模型，计算药物的边际收益，以边际收益作为兽药投入的经济效果，将其与 1 比较，作为判断兽药投入是否过量的标准。另外，将研究结果与 C-D 生产函数计算的边际收益作为对比，进一步说明兽药投入是否过量，同时指出这两种方法在评价药物投入是否过量上的优劣。

第五章为兽药技术效果测量。本章在承接第四章的基础上，从日增重、料肉比和死亡率的角度，即生产性能技术视角更为具体地探讨药物投入对日增重、料肉比和死亡率的影响，以此说明药物的技术效果。本部分采用似不相关回归模型（SUR）探讨药物投入对日增重、料肉比和死亡率的影响。此外，还从兽医、技术员、饲养专家等相关技术专家方面，主观评价兽药使用对死亡率的影响，阐释兽药技术效果，从耐药性和药残环境污染角度探讨了兽药使用的外部性问题，探讨减药的必要性。

第六章为药物投入的影响因素分析。本章将根据计划行为理论和生产者行为理论，结合之前畜牧业其他产业的兽药投入影响因素的研究，从动物健康管和计划行为理论的视角，来分析兽药使用的影响因素。考虑到用药环节和用药目标的差异，本章也同样将药物划分为预防性用药和治疗性用药，采用 SUR 方法，分别计算药物总投入、预防性用药投入、治疗性用药投入的影响因素，并找出主要影响因素。

第七章为减药路径探讨。本章将动物福利、生物安全和科学用药三种主要减药路径置于贝叶斯信度网络（BBN）中，探讨三种减药路径与药物投入的关系，并根据其对经济效果和技术效果的影响，讨论了在最优经济效果和技术效果约束下最可行的减药路径。本章重点讨论两个问题：第一，药物投入及三种减药路径对技术效果和经济效果的影响；第二，在技术效果和经济效果表现良好的约束下，选择三种减药路径最可行的组合，为企业生产提供指导。

第八章为研究结论与政策建议。本章概括了主要研究结论，并在此基础上，从政府视角和企业视角对兽药减量提出建议。

1.4 研究方法

首先针对宏观数据不足问题，本研究采用调查的方法，具体为调研人员进入肉鸡养殖场户，采用问卷访谈的方式，获取一手资料，以说明我国肉鸡产业兽药使用的现状。其次采用文献研究与实证研究相结合的方法，论证我国肉鸡产业兽药使用是否过量，同时分析兽药使用的主要影响因素，讨论三种减药路径与药物投入的关系，提出改善减药路径的方向。

在测算肉鸡产业经济效果部分，本研究采用损害控制模型和 C－D 生产函数，讨论药物投入与收益的关系，进而说明兽药投入是否过量；在测算技术效果部分，本研究将采用似不相关回归（SUR），探讨药物投入与日增重、料肉比、死亡率之间的关系，并通过测算药物投入对日增重、料肉比和死亡率的弹性，说明药物对三者的影响，从技术层面说明药物投入是否过量。

在影响因素分析部分，本研究同样采用似不相关回归（SUR），探讨养殖主体的知觉控制行为与药物投入的关系，进而厘清影响药物投入的主要影响因素。

在探讨药物投入、减药路径部分，将采用贝叶斯信度网络（BBN），讨论药物投入、减药路径与技术效果和经济效果的关系，即药物投入处于不同水平对经济效果和技术效果的影响，药物投入、减药路径分别处于最高水平对技术效果和经济效果的影响，技术效果和经济效果处于理想状态、药物投入处于低水平、减药路径的可能组合，以此为当前减药指明方向。

1.5　技术路线

根据研究内容，本研究的技术路线如图 1-1 所示。

1.6　本研究创新点

第一，采用第一手养殖场（户）调研数据，厘清我国肉鸡产业兽药使用的现状，揭开"养鸡用药"的谜团，同时将药物划分为预防性用药和治疗性用药，测算了两类药物使用的经济效果和技术效果，较为全面地回答了肉鸡养殖用药"是否过量"的问题。

第二，根据动物健康管理理论以及计划行为理论，将养殖主体对兽药使用的认知、市场价格和执法监督等因素一起纳入分析框架，深入探讨兽药使用的影响因素，进一步丰富了养殖主体兽药使用决策行为理论。

第三，考虑疫病风险和市场风险等诸多不确定性的影响，以及药物投入与动物福利、生物安全和科学用药之间的非线性关系，采用贝叶斯信度

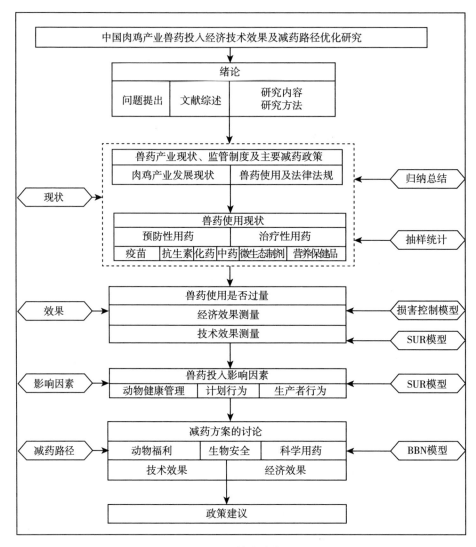

图 1-1 技术路线图

网络（BBN）模型，分析了三种减药路径的相互影响机制，提出了减少兽药使用的替代组合和可行路径。

第 2 章　兽药产业现状、监管制度及主要减药政策概述

本章详细梳理畜牧业兽药生产、销售、使用的现状，重点分析畜牧业用药的变化趋势、兽药制度变迁和减药政策，分析其可能存在的问题，为用药效果测定、用药因素分析以及减药政策完善提供基础和背景。

2.1　兽药的生产、销售与使用情况

2.1.1　兽药生产情况

总体上看，我国兽药生产企业数量较为平稳。近年来，我国兽药生产企业稳定在 1 500 家（图 2-1），数量较为稳定。从变化趋势上看，2010—2020 年 10 年间，我国兽药企业数量呈 M 型波动趋势，增速最快年份为 2016—2017 年，增长率接近 10%。总的来看，畜牧业发展、兽药监管制度不断健全以及疫病交替作用是导致这一波动的主要原因。2010—2016 年兽药生产企业出现先升后降的变化趋势，主要原因在于，该阶段是畜牧业持续发展的 7 年，在此期间畜牧业总产值增长了 46.63%，畜牧业的快速发展拉动了兽药的市场需求，进入兽药市场的生产企业有一定的增幅，新出现的企业主要是小微型企业。与此同时，我国兽药监管制度不断完善，特别是"4G 制度"①的推行，使得监管有章可依。在此阶段相关部门对兽药市场的整顿次数明显增多，监管力度明显加强，在严格审批

---

① 4G 制度是指：兽药生产质量管理规范（GMP）、兽药经营质量管理规范（GSP）、兽药临床试验质量管理规范（GCP）、兽药非临床研究质量管理规范（GLP）。

等兽药生产企业准入制度的同时，相关部门出台了多项针对兽药质量的专项整治工作，部分生产经营能力较差的兽药企业惨遭淘汰，自2013年后，兽药生产企业出现下降的趋势。2016—2020年兽药企业再次出现先升后降的趋势，随着一些较强创新能力的兽药企业的出现，特别是生物制品的兽药企业进入兽药市场，兽药生产企业数量出现短暂上升，非洲猪瘟疫情出现后，部分兽药企业再次退出兽药市场，兽药生产企业数量再次出现持续下滑。

图2-1　兽药生产企业的个数

数据来源：2021中国兽药产业发展报告。

我国兽药生产企业主要集中于华北地区，并且从北向南自东向西递减（图2-2）。从省域上看，山东、河南、河北、江苏、广东五省是兽药生产的主要省份，其中山东和河南的兽药生产企业占企业总量的29.52%。科技发展程度、区位因素以及畜牧业发展程度是上述兽药分布特点的主要影响因素。从地区发展程度看，东部地区经济发达，交通便利，科技化水平高，兽药生产企业较多。从区位因素上看，华北地区毗邻西北和东北，具有良好的工业生产基础和广阔的兽药需求市场，该区是我国兽药企业的主要分布地区，也是兽药监管的主要区域之一。

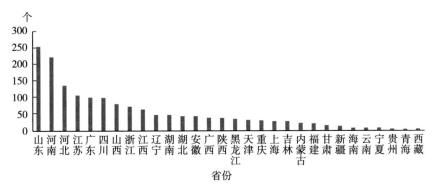

图2-2　兽药生产企业的各省分布

数据来源：2021中国兽药产业发展报告。

2.1.2　兽药销售情况

　　总体看，我国兽药产值呈逐年上升趋势。2012—2020年，我国畜牧业总产值持续增长。2010年生产总值为250亿元，2020年增加到620亿元，增加1.48倍，年均增长率为5％，个别年份增长率达到40％。畜牧业快速发展推动了兽药销售额的持续增长。2012—2020年，我国兽药的销售额为370亿元，到了2020年，我国兽药的销售额为440.25亿元，年均增长率为2.20％。兽药销售额可以看成是畜牧业用药投入额，因此畜牧业总产值与兽药销售额的比值可以解释为畜牧业每产出1元需要的兽药成本。如表2-1所示，2012—2017年，畜牧业每产出1元，兽药投入从0.012 9元增长到0.016 5元，单位畜牧业产值的兽药投入成本持续增加。2018年随着绿色发展相关政策的持续推行，减药政策开始生根落地，到2020年，畜牧业总产值每产出1元，兽药投入降低到0.010 9元。

表2-1　兽药企业的个数与产值

年份	2012	2013	2014	2015	2016	2017	2018	2019	2020
畜牧业总产值（万亿元）	2.72	2.8	2.82	2.86	3.05	2.94	2.87	3.3	4.03
兽药总产值（亿元）	370	437.5	439.6	462.7	503.3	522.5	471.3	552.9	620
兽药销售额（亿元）	350	412.2	435.5	451.9	472.3	484.1	459	504	440.3
兽药销售额/畜牧业总产值	0.0129	0.0147	0.0154	0.0158	0.0155	0.0165	0.016	0.0153	0.0109

数据来源：根据《2021兽药产业发展报告》整理而得。

各类兽药销售中，抗生素和化学药物销售占主体部分。目前供畜牧业生产直接使用的药物有抗生素、化学药物、生物制剂、中药四大类。根据中国兽药协会的统计，2019 年 1 632 家兽药企业中，生产抗生素和化学药物的厂家数量为 1 550 家，占总数的 94.98%，两者销售总额为 210 亿元，占兽药行业销售额的 55.56%。其中抗生素的销售额为 149.58 亿元，占化学类药物的 71.43%，随着减抗政策的推行，畜牧业抗生素的投入逐年下降，到 2018 年，畜牧业抗生素的投入总量仅为 2.98 万吨，每吨肉产出所使用的抗生素药物从 318.05 克降到 140.22 克（表 2-2）。

表 2-2　畜牧业抗菌药物使用情况表

年份	2014	2015	2016	2017	2018
肉产量（万吨）	8 707	8 625	8 364	8 431	8 654.4
奶产量（万吨）	3 725	3 755	3 602	3 545	3 038.6
水产品产量（万吨）	6 461	6 700	6 700	6 900	6 445.3
动物产品总量（万吨）	21 787	22 079	21 761	21 946	21 234.6
抗生素药物销售量（吨）	69 292.5	52 118.7	44 185.8	41 967	29 774.1
每吨肉使用抗生素药物情况（克/吨）	318.05	236.06	203.05	191.23	140.22

数据来源：根据《2021 兽药产业发展报告》以及《中国畜牧业年鉴》整理而得。

从畜牧业门类上看，禽类兽药使用占相当比重。根据中国兽药协会的统计，2020 年兽药销售总额为 440.25 亿元，其中猪、牛、羊用药总量为 258.76 亿元，占兽药总销售额的 59%（图 2-3），禽类用药为 107.7 亿元，占销售总额的 24%，占比接近猪、牛、羊用药的一半，而其他动物用药则仅为 73.65 亿元，禽类兽药减量化使用对畜牧业绿色发展具有重要意义。

进口方面，我国兽药进口额逐年增长，且以生物制品为主。2010—2020 年平均进口额 11 亿元，占进口总额的 60% 以上，抗生素和化学药物年进口额 6 亿元，约占进口额的 30% 以上。从用途上看，猪、牛、羊用兽药进口的市场份额占比最高，进口额约为 9.5 亿元，占进口额的 50% 以上，禽用兽药年均进口额为 4.5 亿元，占进口额的 20% 左右，其他药物进口额为 4.5 亿元，占进口额的 20% 左右，进口国家主要有巴西、德

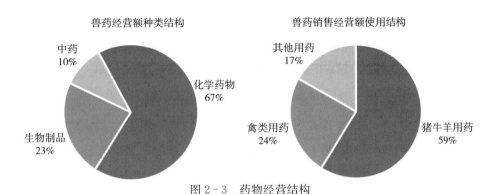

图 2-3 药物经营结构

数据来源：根据《2021 兽药产业发展报告》整理而得。

国、印度尼西亚等国。

出口方面，根据畜牧兽医协会的统计，2010—2020 年我国兽药出口额年均在 28 亿元以上，整体呈现上升的趋势。其中，中药出口额最高，年均 17 亿元以上，占出口总额的 60.71%，整体呈现上升趋势；抗生素和化学药物出口年均 9 亿元以上，整体呈平稳趋势；生物制品的出口额年均 0.4 亿元左右，仅占出口额的 1% 左右，出口国家主要为德国、巴西、阿根廷、荷兰、西班牙、意大利等国。

2.1.3 兽药使用情况

畜牧业使用兽药品种多，基本涵盖《药典》全部用药。《中华人民共和国 2015 兽药典》（以下简称《药典》）是兽药生产、经营、检验和监督管理的法定技术依据，也是科学合理用药的参考标准，目前《药典》允许使用的兽药品名超过 2 400 个，其中，允许使用的抗生素与化学药物品名为 752 个，中药制剂为 1 148 个，生物制品 131 个。从生产实践看，畜牧业使用兽药品种十分广泛，基本涵盖《药典》的全部用药。从使用成本上看，兽药平均年销售额为 440.25 亿元，其中，禽类用药为 105.67 亿元，占比为 24%，由表 2-1 和表 2-2 可知，2012—2020 年 9 年间兽药的平均销售额与畜牧业总产值的比值为 0.014 8，也就是说，畜牧业每产出 1 元，需投入兽药 0.014 8 元，畜牧业发展对兽药使用具有较高的依赖程度。

2.2 兽药监管制度的变迁

2.2.1 行政指令时期（1976—1984 年）

改革开放前夕，国内各项事业百废待兴，受"以粮为纲"的影响，畜牧业一直是农业中的副业，兽药行业作为副业中的副业，监管十分薄弱。为推动畜牧业快速恢复与发展，1978 年国家对兽药和兽医器械按归口实行行政指令管理。从当时实际情况看，行政指令是在各项政策、规章、制度不健全情况下的临时替代措施，因此该时期兽药监管体现了鲜明的"奠基性"和"暂时性"的特征，1978 年农业部制定的《兽医药品规范》，为后来的《兽药管理条例》提供了技术标准。1980 年农业部实施《兽药管理暂行条例》对兽药生产、品质标准、审批、供应、使用、监督、检验、特殊剧毒药品管理和麻醉药品管理做了初步的规定，并确立了部、省、市、县四级兽药监管体制。临时性政策的实施为我国基本兽药监管制度确立勾勒了轮廓。

2.2.2 法制化阶段（1985—1999 年）

为解决肉制品短缺，1985 年中共中央、国务院颁布了《进一步活跃农村经济的十项政策》，开放了畜产品市场，畜牧业生产迅速发展，与此同时，兽药供需也随之发生重大的变化，为促进畜牧业向专业化、规模化发展，1987 年农业部废止了《兽药暂行条例》，颁布了《兽药管理条例》，该条例进一步细化了兽药生产、经营、使用、进出口、监督管理等方面的规定，确立了兽药注册制度、兽用处方药和非处方药管理制度以及不良反应报告制度。至此，我国的兽药监管登上法制化台阶。作为补充，1988年相关部门再次发布《兽药管理条例实施细则》，充实了《条例》操作性不足。由于缺乏严格统一的技术标准，兽药使用长期出现"仁者见仁，智者见智"的乱象，为此，相关部门出台了《中国兽药典》，确立了兽药使用的国家标准和司法裁量标准。随后，相关部门相继出台《兽药违法案件处理办法》和《中华人民共和国动物防疫法》，极大地推动了兽药监管法制化进程。

2.2.3 GMP 监管时期（2000—2003 年）

随着畜牧业进一步发展，畜牧业结构性、区域性以及食品安全问题开始凸显，为支持畜牧业结构调整，农业部颁布了《关于加快畜牧业发展的意见》。与此同时，兽药监管制度也实现了新的突破。2001 年农业部成立了兽药工作委员会，启动了全国兽药生产规范管理工作，从此我国兽药事业的发展进入 GMP（Good Manufacture Practice）历史阶段。GMP 制度是国际公认的行之有效的制度，在世界各国制药企业得到广泛推广。GMP 制度的确立开创了兽药监管向国际标准迈进的步伐。随后，围绕 GMP 制度，相关部门出台了一系列补充性、辅助性政策，进一步完善了兽药监管制度。

2.2.4 兽药市场全面整顿时期（2004—2013 年）

长期以来人们集中于对畜产品"量"的关注，忽视对"质"的要求，滥用兽药问题普遍存在于兽药行业，严重妨碍了畜牧业转型升级。为加快推动传统畜牧业向现代畜牧业的转型，农业部出台了《2004—2010 年畜牧业国家标准和行业标准建设规划》，与之对应，相关部门也开启了兽药市场全面整顿工作。生产上，通过制定《新兽药管理办法（2005）》，对临床前研究、临床试验审批、监督管理和处罚等做了详细的规定，进一步完善了新药的注册、饲料登记、进口兽药的再注册制度，强化兽药源头监管；经营上，通过实施《兽药经营质量管理规范（2010）》，弥补了经营管理的操作短板，并通过专项整治行动与 GMP 检查绑定，严堵非法经营漏洞；使用上，通过实施《乡村兽医管理办法（2008）》和《执业兽医管理办法（2008）》，确立乡村兽医登记制度，扭转了乡村兽医无序化竞争乱象，规范了基层兽药的使用。

2.2.5 兽药减量化使用时期（2014 年至今）

随着经济进入新常态，农业供给侧结构性矛盾凸显，畜牧业发展目标开始由"质量并重"向"更加注重质量"转变。2013 年国务院出台《畜禽规模养殖污染防治条例》，坚持按照"以防为主、防治结合"的原则进行畜禽养殖污染防治。2018 年 1 月又实施了《环境保护税法》，对规模大于 50 头牛、500 头猪和 5 000 头鸡鸭的养殖主体征收环保税。畜牧业政策变化带动了兽药监管制度的变更。兽药监管也根据畜牧业供给侧结构性改革的目标向两个方向发展：一是由宏观监管深入到微观指导；二是部分药物开始减量化使用。例如，2014 年农业部组织制定了《乡村兽医基本用药目录》，将兽药细分为 9 类，从而规范乡村兽医用药行为，再次修订了《中国兽药典》，将收载药品提高到 2 030 种，较之于《药典 2005 版》药物增加了 63.5%。同时，为最大程度减少抗生素残留的危害，相关部门制定了《全国兽药（抗菌药）综合治理五年行动方案》以及《全国遏制动物源细菌耐药行动计划（2017—2020 年）》，开展兽用抗菌药使用减量化行动试点，禁止了硫酸黏菌素等一批药物用于动物生长剂的使用，兽药减量是畜牧业高质量发展的必然要求。

2.3 当前我国主要减药政策及存在问题

2.3.1 主要减药政策

为规范兽药使用，相关部门修订了部分法律，调整了相关标准。相关减药政策涵盖药物品类、技术标准、人员资质、药残检查、环境保护等多个方面。政策执行上较为突出的是减药行动，特别是抗生素减量化行动，相关行动方案制定得较为具体（表 2-3）。兽药减量政策主要有以下几个特点：第一，总的来看，有关畜牧业兽药获取、兽药使用和兽药减量的法律法规较为齐全。第二，从法律上看，颁布了《中华人民共和国食品安全法》，从食品安全的角度为畜牧业兽药合理使用奠定了司法基础。第三，法规方面"人"和"药"规定兼有。从"人"的方面看，《乡村兽医管理办法》《执业兽医管理办法》对专业人员使用兽药的资格做了较为详细的规定，为规范处方使用提供了依据；从"药"方面看，《中华人民共和国兽药典》确定了严格用药的技术标准，特别是对生物制品、饲料添加剂等特殊药物作了专门的规定，为兽药使用提供技术标准。

表 2 - 3　肉鸡产业兽药使用的法律、法规、行动计划

监管制度	法律法规	关键规定	最新版
法律	《中华人民共和国食品安全法》	不良反应报告制度	2021 年
	《中华人民共和国标准化法》	强制性国家标准	2017 年
	《兽药管理条例》	兽药生产许可证	2020 年
	《中华人民共和国兽药典》	批准文号制度	2020 年
	《饲料药物添加剂使用规范》	饲料药物添加剂	2019 年
	《兽药生物制品使用标准》	疫苗的说明	2017 年
	《乡村兽医管理办法》	兽医管理制度	2018 年
	《执业兽医管理办法》	兽医资格规范	2017 年
	《食品动物禁用的兽药及其他化合物清单》	停止使用部分药物	2017 年
	《无公害食品鸡肉标准》	检验检疫	2017 年
行动计划	《无公害食品、肉鸡饲养兽药使用准则》	兽药使用标准	2019 年
	《NY/T 388 畜禽场环境质量标准》	环境质量	2019 年
	《NY 5027 无公害食品、畜禽饮用水水质》	水质标准	2019 年
	《NY 5036 无公害食品、肉鸡饲养兽医防疫准则》	防疫标准	2019 年
	《NY 5037 无公害食品、肉鸡饲养饲料使用准则》	饲料标准	2019 年
	《动物性食品中兽药最高残留限量》	药残监控制度	2019 年
	《全国遏制动物源细菌耐药行动计划》	执业兽医管理规范	2017 年
	《全国兽用抗菌药使用减量化行动方案（2021—2025）》	抗生素减量	2021 年

数据来源：农业农村部网站。

　　兽药监管机构组织体系。目前政策的执行机构分为部、省、市、县四级兽药监管体制（图 2 - 4）。国务院兽医行政管理部门负责全国的兽药监督管理工作，省、市级负责辖区内的具体规章制度、操作规范的制定及指导工作，县级地方人民政府兽医行政管理部门负责本行政区域内的兽药监督管理执行工作。由于兽药监管具有极强的专业技术要求，除了设立一般性监管机构外，还专门设立了兽药监察所。目前我国兽药监察所分两级，即中国兽药监察所和省级兽药饲料监察所。中国兽药监察所隶属于农业部，重点负责监管中的技术标准制定和指导审查工作，此外还负责组织开

展省级兽药监察所资格认证工作，指导省级兽药监察所和有关兽药生产企业的质量检验工作。

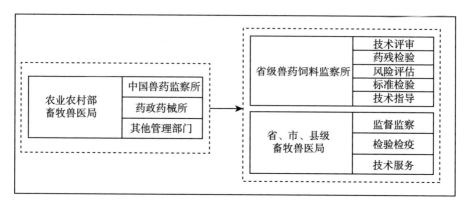

图 2-4　兽药监管的组织体系

2.3.2　存在的问题

尽管当前的减药政策不断完善，但仍存在以下五方面不足：

第一，《兽药监管条例》法律地位需提升，部分条款尚待细化。《兽药管理条例》是兽药监管的基础法规，从狭义上讲，《兽药管理条例》只属于法规，尚未上升到法律层面，实际监管效力有限。畜牧业高度发达的美国，除了制定《美国联邦食品药物和化妆品法》《食品质量保护法》《公共卫生服务法》外，还制定了《联邦肉类检查法》《禽产品检查法》《蛋类产品检查法》等专门性的兽药残留监管法律（张漫等，2011；李明，2018），我国也应学习美国经验，提升相关法规地位，例如适时考虑将《兽药管理条例》变更为《兽药管理法》。另外，虽然部分条款对相关违法违规行为做了明确的规定，但有些禁止性规定已经不合时宜，亟待修改。例如，在禁用兽药行政处罚裁量标准上，《兽药管理条例》第六十二条规定："对饲喂了违禁药物及其他化合物的动物及其产品进行无害化处理；对违法单位处 1 万元以上 5 万元以下罚款；给他人造成损失的，依法承担赔偿责任。"但《条例》并未就养殖单位做明确的规定，实际监管中，对养殖单位的确定存在较多的争议。

第二，兽药减量政策监管协调机制缺乏。从部门分工上看，兽药减量政策执行涉及多个部门，除了各级政府兽医行政管理部门外，还涉及工商、食品药品监督管理、质量监督检验检疫、外贸等部门，由于部门间管理制度的差异和沟通协调机制的缺乏，重复监管和多头管理时常发生，多头管理直接导致监管成本居高不下。

第三，专业人员及设备严重缺乏，技术支撑不足。兽药的监管涉及市场、疫病防控、临床医学、饲养管理多个方面，对监管人员的专业技术水平要求高，对技术设备的要求高。目前我国兽药管理任务主要由县、乡（镇）畜牧兽医站执行，全国畜牧兽医站等基层监管机构具有法定资格的职业兽医仅有 30 万（董艳娇等，2015），同时配备的检验检疫设备严重不足，加之养殖单位多分布于农村偏远地区，监管难度大，监管盲区仍然存在。

第四，部分配套措施缺位。兽药的使用不仅涉及养殖场，还涉及生产、销售、动物源性食品检验检疫等养殖产业链的多个环节，部分政策缺位，监管仍存在难度。从生产端看，对新药的研发，特别是对抗生素替代性药物的研发仍然支持政策不足，激励机制缺乏，替代性药物的研发动力不足。再者，动物源性食品检验检疫环节部分技术标准仍需细化，特别是与美国、欧盟等国家最新技术标准的接轨。从销售端看，兽药的销售涉及养殖企业、经纪人、兽药生产厂家、经销商等多个主体，由于对药物销售主体的规范性政策少，对兽药销售主体的管理无法可依。

第五，药残监督体系不健全。一是检测范围狭窄，从执行上看，目前药残检测常用药物主要为人畜共用药、禁用药物、部分畜禽吸收率较低的药物，其中禁用药残检测是药残工作开展的重点。由于检测技术以及专业技术人才缺乏，对抗生素类药物检测范围较窄（周明霞，2009）。事实上，导致病原菌耐药性的药物主要是抗生素类药物，如能及时增加抗生素类药物的药残检测种类，对遏制滥用抗生素具有重要意义。二是药残监管的长效机制缺乏。当前兽药药残监控工作主要通过药残监控计划以及专项整治计划实施，受食品安全事件的影响较大，工作的连续性和稳定性较差，因此应结合兽药用药记录制度，制定稳定的药残抽检章程，确保药残工作持续稳定推进。三是药残超标从重处罚情形不明确。对于药残超标多采用警告或延期出售，对于控制药残超标威慑力远远不够，如果能对从重处罚的情形作进一步明细的规定，例如对于药残超标次数达到一定数量的养殖单位，给予其"禁养"的处罚，滥用兽药的境况将会获得扭转。

2.4 本章小结

第一，肉鸡产业在我国畜牧业中具有重要位置且仍在不断上升。从世界范围看，我国肉鸡产量全球排名第二，鸡肉消费量全球排名第二。与国内其他畜牧业部门相比，鸡肉产量始终保持在第二的位置，并且鸡肉的产量和消费量逐年增加。

第二，我国肉鸡产业兽药生产稳定在 1 600 家，其中，山东、河南、河北是主要的兽药生产省份。各类药物中化学药物占主要部分，销售额接近 70%，化学药与抗生素的使用处于主导地位，但总趋势是抗生素的使用逐年减少，畜牧业对于高端生物制品的需求大，禽类用药占药物投入总量的四分之一左右。

第三，目前我国兽药基本监管制度已经确立，具体包括审批、生产、经营、使用四个环节。"4G 制度"适应了兽药更新换代快的需要，确保经营环节安全，也是畜牧业安全用药的一道阀门。"4G 制度"有力地保证了兽药生产、经营、监管信息的互联互通，推动了我国兽药产业及畜牧业的转型升级。

第四，兽药监管组织体系不断完善，解决了"谁来监管"的问题。《兽药管理暂行条例》的颁布和实施，确立部、省、市、县四级兽药监管体制，明确了监管责任主体。国务院兽医行政管理部门负责全国的兽药监督管理工作，省、市级负责辖区内的具体规章制度、操作规范的制定及指导工作，县级地方人民政府兽医行政管理部门负责本行政区域内兽药监督管理执行工作。

第五，兽药监管还存在诸如监管协调机制缺乏，监管盲区大量存在的问题。目前兽药监管面临专门法律缺位、部分标准跟不上当前的需要，生产准入制度尚需健全，激励创新机制缺乏等，总的来说，兽药监管执行实践与目标要求还存在较大差距。

第3章 我国肉鸡产业用药现状

本部分在概述我国肉鸡产业发展现状的基础上，重点对我国肉鸡产业兽药使用进行更为深入全面的分析。由于肉鸡产业兽药使用宏观数据较为缺乏，难以支撑相关研究，本章首先对我国肉鸡产业发展现状进行概述。然后根据我国334个肉鸡养殖场户的调研数据，进行肉鸡疫病及兽药使用的分析。在介绍数据来源和样本特征的基础上，重点对肉鸡养殖中的疫病发生情况、药物来源、用药种类、用药天数、用药剂量、用药成本等方面说明我国肉鸡产业兽药使用的基本情况。最后，根据调研数据，从成本、天数、剂量方面对主要肉鸡生产国进行比较，以进一步揭示我国肉鸡产业兽药使用的问题。

3.1 肉鸡产业发展现状

3.1.1 世界肉鸡产业的概况

1. 世界鸡肉产量

鸡肉产量持续增长，且已成为全球第一大肉类。在畜牧业中，肉鸡产业占据重要位置，根据USDA的数据，自1960年以来，肉鸡产业以势不可挡的趋势向前发展。2000年世界鸡肉产量达5 400万吨，首次超过牛肉产量，成为全球第二大肉类。以后数年持续不断增长，到2020年，鸡肉产量突破亿吨，首次成为全球第一大肉类。从2000年至2020年20年间，鸡肉产量年均生产率为3.36％，个别年份超过5％。而猪肉和牛肉则只有0.64％和0.66％，个别年份甚至出现负增长。

2. 世界鸡肉消费量

与产量相似，鸡肉已成全球第一大消费肉类。从消费上看，根据 USDA 的数据，鸡肉是全球最广泛消费肉类。2000 年鸡肉消费量首次超过牛肉，达到 5 384.1 万吨。与产量变化趋势相似，到了 2020 年，鸡肉消费量突破亿吨，成为全球消费量最高的肉类。20 年间鸡肉消费年均增长率达到 3.31%，个别年份超过 5%。而猪肉和牛肉的消费量的年增长率仅为 0.62% 和 0.52%，个别年份甚至出现负增长（图 3-1）。其中一个重要的原因在于鸡肉因其脂肪中不饱和脂肪酸含量较高，相较于红肉更健康，人们对鸡肉的消费偏好不断提高。

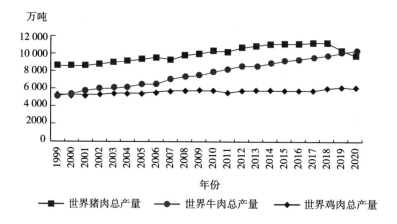

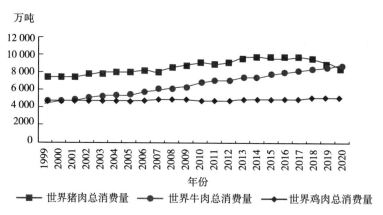

图 3-1　1999—2020 年猪肉、牛肉、鸡肉总产量及消费量变化趋势

数据来源：USDA 数据库。

3.1.2　中国肉鸡产业的国际地位

1. 主要肉鸡生产国（地区）鸡肉产量与消费量

中国鸡肉产量全球第二，且呈持续增长趋势。美国、巴西、欧盟、中国是世界上主要的肉鸡生产国，占世界鸡肉总产量的 60%。与美国、巴西、欧盟相比，中国鸡肉产量不断提高，2000 年中国鸡肉产量达 900 万吨以上，首次超过欧盟，成为世界鸡肉产量排名第三的国家，到 2010 年鸡肉产量达到 1 270 万吨，首次超过巴西，以后数年间中国鸡肉生产呈现较大的波动，保持与巴西相当的势头，维持在世界第二的位置。从 1999 年到 2020 年，20 年间中国鸡肉产量的平均年增长率达到 2.66%，个别年份超过 6%，增长率最高的年份为 2019 年，年产量增长率一度达到 17.95% 的高点（图 3 - 2）。

中国鸡肉消费量全球第二，并呈上升趋势。根据 USDA 的数据，2000—2020 年的 20 年间，美国、巴西、中国、欧盟鸡肉总消费量占全球的 46.28%，其中，中国鸡肉消费量占全球的 15.71%。与其他三个国家相比，中国的鸡肉消费量排在第二位，个别年份超过美国。从增长率上看，中国鸡肉消费年均增长率为 2.79%，仅次于巴西（3.67%），超过美国（1.98%）和欧盟（1.43%）（图 3 - 2）。

2. 主要鸡肉生产国（地区）鸡肉的进口量与出口量

从进口量上看，中国鸡肉进口量全球第二。总体来看，我国鸡肉进口量呈上升趋势，局部年份波动较小。1999—2020 年 21 年间鸡肉进口的平均增长率为 8.55%。四个国家（地区）相比，2019 年以前，中国鸡肉的进口量第二，低于欧盟，平均保持在 40 万吨的水平。但至 2017 年以后，中国鸡肉进口量大幅度上升，2020 年进口量开始超过欧盟。从 2017 年进口量 31.1 万吨上升到 2020 年 99.9 万吨，四年间中国鸡肉进口量增长 2 倍多，四年间年均增长率高达 50.86%。出口量方面，我国出口量较为稳定，一直稳定在 40 万吨左右，鸡肉出口市场主要有日本、中国香港、马来西亚，占总出口量的 70%（图 3 - 3）。

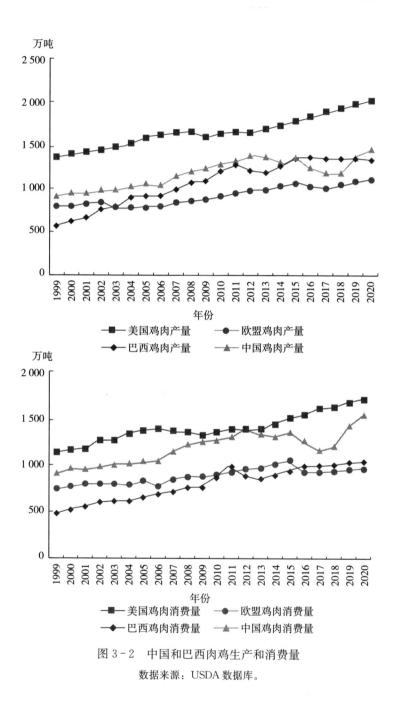

图 3-2 中国和巴西肉鸡生产和消费量

数据来源：USDA 数据库。

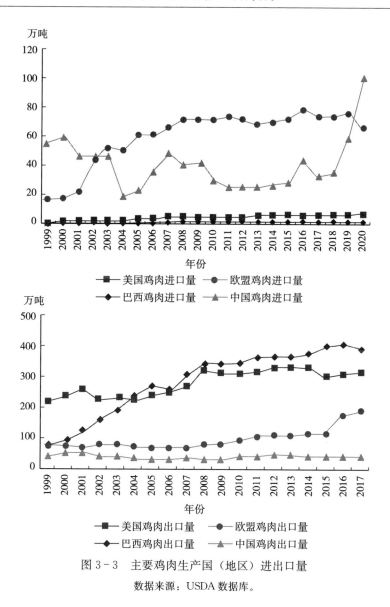

图 3-3　主要鸡肉生产国（地区）进出口量

数据来源：USDA 数据库。

3.1.3　中国肉鸡产业的国内地位

1. 国内鸡肉产量与消费量

猪、牛、鸡三大主要肉类中，2010—2020 年 10 年间鸡肉的产量始终保持在第二的位置，仅次于猪肉。总体来看，猪肉平均年产量稳定在

5 000 万吨，牛肉的产量基本稳定在 600 万吨，平均增长率仅为 0.07%。与之相比，鸡肉产量出现持续增长势头，年均增长率为 3.04%，特别是自 2018 年非洲猪瘟之后，鸡肉产量急速上升，年产量达 1 904.2 万吨，在肉类中的比重达到 19.3%，年均增长率为 4.41%，是主要肉类中增长势头最快的肉类。

我国鸡肉消费位居肉类消费第二。2010—2020 年，猪肉消费量稳定在 5 300 万吨，年均增长呈现下滑趋势，年消费增长率为 −0.19%；牛肉的年均消费量稳定在 700 万吨，年消费增长率稳定在 4.3%。鸡肉消费量却持续增长，2010—2020 年，鸡肉消费量从 1 245 万吨增长到 1 521 万吨，鸡肉消费量的年均增长率为 2.35%，仅次于牛肉消费（图 3 - 4）。

2. 白羽肉鸡与黄羽肉鸡出栏量与产肉量

根据品种差异，我国肉鸡可分为白羽肉鸡和黄羽肉鸡。白羽肉鸡出栏稳中有升，黄羽肉鸡出栏波动较大。2010 年我国白羽肉鸡年出栏量仅为 5 亿只。到了 2020 年我国白羽肉鸡年产量达 77 亿只，年均增长率为 4.5%。黄羽肉鸡出栏量波动较大，呈现"U"形波动特征。2010 年黄羽肉鸡出栏量为 40.2 亿只，2020 年黄羽肉鸡的出栏量为 50.52 亿只，从 2010 年到 2014 年，黄羽肉鸡产量呈轻微下降趋势，年均增长率为 −0.09%；2015 年以后，黄羽肉鸡产量呈现上升趋势，平均增长率为 11.12%。总的来看，10 年间我国黄羽肉鸡平均增长率为 2.62%。两类鸡相比，白羽肉鸡出栏量明显高于黄羽肉鸡，白羽肉鸡年均出栏量为 61.42 亿羽，黄羽肉鸡为 40.97 亿羽。

从产量看，白羽肉鸡鸡肉产量逐年增加，2010—2020 年，白羽肉鸡鸡肉产量从 757.38 万吨增加到 1 250.2 吨，年均增长率为 5.32%，除了个别年份出现负增长外，大多年份均为正增长。十年间，黄羽肉鸡鸡肉产量从 497.62 万吨增长到 654 万吨，年均增长率为 3.18%，与出栏量相似，黄羽肉鸡鸡肉产量呈现"U"形波动特征。2010—2014，黄羽肉鸡鸡肉产量呈轻微下降趋势，年均增长率为 −2.58%。2015—2020 年，黄羽肉鸡产量呈现上升趋势，平均增长率为 8.12%。两类鸡相比，白羽肉鸡鸡肉产量明显高于黄羽肉鸡（图 3-5）。

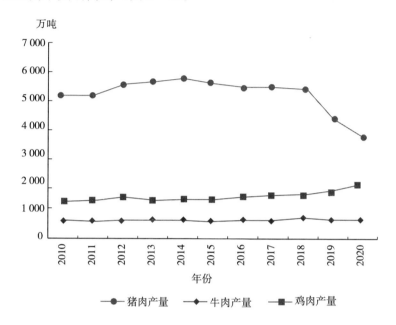

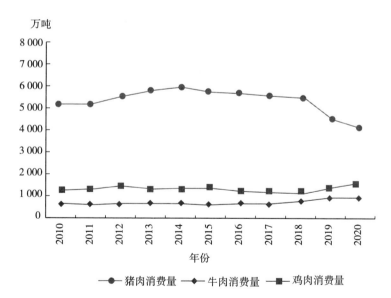

图 3-4　国内主要肉类产量和消费量

数据来源：USDA 数据库。

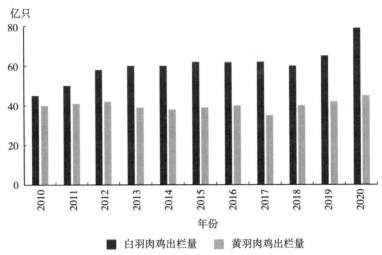

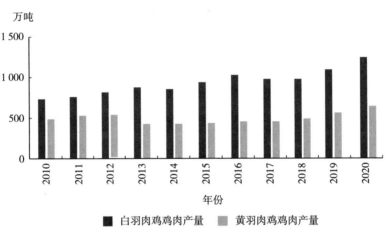

图 3-5 肉鸡出栏量和鸡肉产量

数据来源：USDA 数据库。

3.2 样本肉鸡养殖场户兽药使用情况

3.2.1 数据来源

抽样和问卷设计。为提高样本的代表性，采用分层抽样的方法，首先按我国的肉鸡品种将调研鸡群分为白羽肉鸡和黄羽肉鸡，根据黄白两种肉鸡品种的年产量确定两类鸡只问卷。其次在品种的基础上确定主产区，按照主产区肉鸡养殖场的多少确定问卷比例。最终调研肉鸡养殖场 352 个，获得有效问卷 334 个，问卷有效率为 94.89%。调研问卷内容分为三部分，第一部分为肉鸡养殖场基本情况，第二部分为疫病防控及用药情况，第三部分为药物使用效果评价及减药意愿。

开展调研（2019 年 3 月—2020 年 3 月）。在问卷设计完毕后，从 2019 年 3 月至 2019 年 5 月进行为期 3 个月的预调研。2019 年 5 月—2020 年 3 月为正式调研期。专业技术问题是调研的难题，为避免诸如疫病名称、药物名称、药物使用次数、天数等交流偏差，调研小组成员首先通过参加学术研讨会、企业交流会、实地走访肉鸡养殖场，咨询饲养技术人员、走访肉鸡养殖场所在地畜牧兽医站，以及查考相关统计资料，了解养殖主体对专业技术问题的理解程度为后续交流做准备。其次，调研人员邀请兽医等相关技术人员一同入场调研，必要时辅以图片说明，同时邀请相关技术人员向养殖主体做进一步的解释。由于肉鸡养殖场较为分散，养殖主体大多忙于照料鸡只，考虑到访问时间可能较长，访谈地往往在鸡舍进行。在了解基本情况后，研究人员从肉鸡养殖场发生的疾病入手，在详细了解肉鸡养殖场发生的疾病情况后，询问药物使用的种类、投入天数、投入成本、规格和市场价格情况。

3.2.2 样本特征

1. 地区特征

本次共调研 9 个省份，分别为吉林、辽宁、山东、河南、河北、安徽、湖南、广西、云南。各省有效问卷份数依次为 39、43、26、51、15、51、10、71、28。从品种来看，白羽肉鸡 181 份，省份分布为山东 26 份、河南 31 份、安徽 26 份、河北 16 份、辽宁 43 份、吉林 39 份；黄羽肉鸡 153 份，省份分布为广西 71 份、河南 19 份、安徽 25 份、湖南 10 份、云南 28 份。从经营方式上看，"一条龙公司"有效调研问卷 14 份，其中，北方地区 10 份，南方地区 4 份，"公司＋农户"养殖场有效调研问卷 240 份，其中北方地区 134 份，南方地区 106 份。农户养殖场有效调研问卷 80

份，其中北方地区 37 份，南方地区 43 份（表 3－1）。

表 3－1　肉鸡鸡场经营方式

经营方式	总体		白羽		黄羽	
	样本（份）	占比（%）	样本（份）	占比（%）	样本（份）	占比（%）
一条龙公司	14	4.19	10	5.52	4	2.61
公司＋农户	240	71.86	134	74.03	106	69.28
农户	80	23.95	37	20.44	43	28.10

数据来源：根据调研数据整理获得。

2. 肉鸡养殖场特征

规模方面，调研鸡场规模差异较大，最大规模鸡场年出栏量达百万只。出栏量是肉鸡养殖场养殖规模的重要指标，本研究将出栏规模分为两种，即年出栏规模和单批出栏规模（Xiang fei and Jimin，2012）。二者之间的关系为年出栏规模是单批出栏规模与年出栏批次的乘积。调研肉鸡养殖场平均年出栏量超过 25 万只，批出栏量近 5 万只（表 3－2）。从年出栏量上看，调研肉鸡养殖场平均年出栏量为 26.6 万只，其中最低出栏量为 0.18 万只，最高出栏量为 420 万只，肉鸡养殖场差异较大。饲养肉鸡平均每批出栏量为 4.99 万只，最小值为 0.06 万只，最大值为 69.6 万只，个体间差别较大。此外，从出栏批次上看，平均出栏批次为 4.18 批，最少出栏批次为 2 批/年，最大出栏批次为 7 批/年。

表 3－2　肉鸡养殖场饲养规模基本情况

肉鸡养殖场饲养规模基本情况		均值	标准差	最小值	最大值
总体	年出栏量（万）	26.59	58.66	0.18	420
	批出栏量（万）	4.99	9.58	0.06	69.6
	出栏批次（批/年）	4.18	1.48	2	7
白羽	年出栏量（万）	44.97	73.91	1.5	420
	批出栏量（万）	7.94	11.85	0.3	69.6
	出栏批次（批/年）	5.17	1.1	3	7

（续）

肉鸡养殖场饲养规模基本情况		均值	标准差	最小值	最大值
黄羽	年出栏量（万）	4.84	13.79	0.18	160
	批出栏量（万）	1.5	3.53	0.06	40
	出栏批次（批/年）	3.02	0.9	2	6

数据来源：根据调研数据整理获得。

生物安全措施方面，生物安全措施包括内部生物安全措施和外部生物安全措施。本部分主要从肉鸡养殖场采取各项生物安全措施比例和生物安全措施成本两方面来考量肉鸡养殖场生物安全措施情况。内部生物安全措施是为指防止鸡场自身因素所造成的病原菌危害而采取的措施。内部生物安全措施包括：①肉鸡养殖场是否采用深井水；②安装水线；③水源病原菌监测；④安装空气质量检测仪；⑤污水沉淀池。外部生物安全措施主要是指防止肉鸡养殖场以外的因素给肉鸡养殖场带来病原菌污染危害所采取的措施。外部生物安全措施主要有：①防鼠措施；②防鸟措施；③禁止外人参观；④对进场车辆进行消毒；⑤病死鸡无害化处理。

水线、水源清洁等内部生物安全措施表现较好，通风控温生物安全表现较差。如表3-3所示，安装专业化水线的肉鸡养殖场的比例较高，使用深井水和安装专业化水线的肉鸡养殖场较多，其中，使用深井水比例的肉鸡养殖场比例较高，达到80%以上，其中白羽肉鸡使用深井水比例高达90.61%。安装空气质量检测仪、建设污水沉淀池、水源病原菌检测三项比例的肉鸡养殖场较少，其中安装空气质量检测仪的肉鸡养殖场仅为14.97%，大部分肉鸡养殖场仍然依靠人工和通风控温设备调节空气。防鼠措施、谢绝外人参观和对进场车辆进行消毒等外部生物安全措施表现较好。安装防鼠措施比例的肉鸡养殖场为73.35%，也即大部分肉鸡养殖场安装了专业化的防鼠措施。防鸟措施、病死鸡无害化处理方面较差。其中，防鸟措施安装比例不足3成。

表 3-3　肉鸡养殖场生物安全措施采用率情况

生物安全种类	内部生物安全措施（%）					外部生物安全措施（%）				
	水线	深井水	空气质量检测仪	污水沉淀池	病原菌检测	防鼠措施	防鸟措施	谢绝外人参观	进场车辆消毒	无害化处理
总体	64.37	82.63	14.97	38.92	27.84	73.35	22.16	70.06	60.18	31.1
白羽	100	90.61	27.07	60.22	35.91	72.93	25.97	83.98	70.72	53.6
黄羽	22.22	73.2	0.65	13.73	18.3	73.86	17.65	53.59	47.71	4.58

数据来源：根据调研数据整理获得。

3. 人员特征

养殖主体年龄方面，40 岁以上年龄段的养殖主体居多。如表 3-4 所示，334 个肉鸡养殖场养殖主体的年龄最小 25 岁，最大 68 岁，平均年龄 46 岁。白羽肉鸡养殖场养殖主体最小 27 岁，最大 68 岁，平均年龄 47 岁；黄羽肉鸡养殖场养殖主体最小 25 岁，最大 68 岁，平均年龄 25 岁。在总问卷中，养殖主体为 40 岁以上的问卷 252 份，占总体的 75.45%；白羽肉鸡问卷中养殖主体为 40 岁以上的问卷 133 份，占总体的 73.48%；黄羽肉鸡问卷中 40 岁以上的养殖主体 119 份，占黄羽肉鸡问卷的 77.78%，这说明调研肉鸡养殖场养殖主体年龄普遍偏高。

表 3-4　40 岁以上养殖主体占比情况

项目	总体	白羽	黄羽
样本（个）	252	133	119
占比（%）	75.45	73.48	77.78

数据来源：根据调研数据整理获得。

受教育程度方面，调研养殖场养殖主体平均受教育程度不高。如表 3-5 所示，从总体上看，调研肉鸡养殖场平均受教育年限仅为 9 年，也即平均受教育水平为初中。特别是黄羽肉鸡养殖主体，平均受教育年限仅为 7.6 年，并且尚有 2 户养殖主体没有参加学校教育，占总体 0.6%。具体来看，小学文化程度 72 户，占总体 21.86%，其中，白羽肉鸡 22 户，黄羽肉鸡 51 户；初中文化程度场主 164 户，占总体 49.1%，其中，白羽 95 户，黄羽

69户；高中文化程度54户，占总体16.17%，其中，白羽31户，黄羽23户；大专及本科文化程度41户，占总体12.27%，其中，白羽33户，黄羽8户。

表3-5 不同教育阶段的访谈对象占比

教育阶段	总体		白羽		黄羽	
	样本（个）	占比（%）	样本（个）	占比（%）	样本（个）	占比（%）
文盲	2	0.6	0	0.00	2	1.31
小学	73	21.86	22	12.15	51	33.33
初中	164	49.1	95	52.49	69	45.10
高中	54	16.17	31	17.13	23	15.03
大专及以上	41	12.27	33	18.23	8	5.23

数据来源：根据调研数据整理获得。

兽医特征方面，肉鸡养殖场具有资质的兽医人员稀少（表3-6）。从总体上看，平均每个肉鸡养殖场有资质的兽医人员平均仅为0.57人，不足1人，特别是白羽肉鸡养殖场，有资质的兽医人员平均每个肉鸡养殖场仅为0.66人，而黄羽肉鸡养殖场有资质的兽医人员则为0.8人，具有资质兽医人才严重不足。另外，从具有资质兽医的肉鸡养殖场看，有资质兽医的肉鸡养殖场占比为24.25%，其中白羽肉鸡养殖场为30.39%，黄羽肉鸡养殖场仅为16.99%，调研肉鸡养殖场聘请具有资质的兽医人员的比例不高。另外，具有资质的兽医人员主要集中于部分大规模肉鸡养殖场中，中小规模肉鸡养殖场兽医人员较为稀缺。

表3-6 肉鸡养殖场兽医人员情况

类别	样本（个）	总体肉鸡养殖场（人）	有兽医肉鸡养殖场（人）
总体	81	0.57	1
白羽	55	0.66	1
黄羽	26	0.8	1

数据来源：根据调研数据整理获得。

3.2.3 调研鸡场疫病现状

1. 主要疾病病种

为便于分析，根据中华人民共和国《一、二、三类动物疫病病种名录》，并结合疾病防治方式，本研究将疾病划分为普通疾病和烈性传染病。普通疾病包括大肠杆菌病、沙门氏菌病、支原体感染、寄生虫感染、霉菌中毒症、巴氏杆菌病、葡萄球菌病等。烈性传染病包括高致病性禽流感、传染性支气管炎、传染性喉气管炎，高致病性新城疫、传染性法氏囊病、马立克氏病等。

调研肉鸡养殖场普通疾病暴发率高，如表3-7所示。从总体上看，大肠杆菌病、支原体感染、沙门氏菌病和球虫感染是肉鸡养殖场最为普遍的四种疾病。接近90%的肉鸡养殖场过去一年曾发生过大肠杆菌病，发生上述四种疾病的黄羽肉鸡养殖场普遍高于白羽肉鸡养殖场，过去一年发生过上述四种疾病的黄羽肉鸡养殖场比例均在70%以上，寄生虫感染发生于黄羽肉鸡养殖场的比例仅为41.44%，而发生于黄羽肉鸡养殖场的比例则高达73.2%。

表3-7 普通疫病、烈性传染病发生情况

类别	疫病	总体	白羽肉鸡	黄羽肉鸡
普通疫病	大肠杆菌（%）	89.52	87.85	91.5
	支原体感染（%）	75.45	74.03	77.12
	沙门氏菌（%）	65.57	59.12	73.2
	寄生虫感染（%）	61.08	41.44	84.31
	巴氏杆菌（%）	13.17	2.76	25.49
	霉菌中毒（%）	8.68	12.71	3.92
	葡萄球菌（%）	2.1	0	4.58
	鸡痘（%）	2.1	0	4.58
烈性传染病	传染性支气管炎（%）	24.85	23.76	26.14
	法氏囊（%）	23.95	14.36	35.29
	新城疫（%）	23.35	17.13	30.72
	传染性喉气管炎（%）	21.86	9.94	35.95
	高致病禽流感（%）	12.57	17.13	7.19

数据来源：根据调研数据整理获得。

烈性传染病仍时有发生。如表3-7所示，传染性支气管炎、法氏囊、新城疫、传染性喉气管炎以及高致病性禽流感是肉鸡养殖业主要烈性传染病。从调研的数据看，过去 5 年当地发生过上述 5 种烈性传染病的肉鸡养殖场分别为 24.85％、23.95％、23.35％、21.86％、12.57％，这说明，烈性传染病的风险仍然较大，特别是高致病性禽流感中 H5N1 和 H7N9 仍是肉鸡产业发展的重大威胁。此外，过去一年发生过传染性支气管炎、法氏囊、新城疫、传染性喉气管炎黄羽肉鸡养殖场明显多于白羽肉养殖场。

2. 疫病风险损害

为更深入地了解疫病风险情况，在明确调研肉鸡养殖场暴发的疫病种类的基础上，调研人员对疫病的感染率及死亡率进行询问。本研究从区域和调研肉鸡养殖场两方面考察肉鸡养殖场疫病风险情况，将感染率和死亡率分为地区疾病感染率和死亡率及调研肉鸡养殖场的感染率和死亡率。

地区疫病感染率和死亡率数据主要从当地畜牧兽医站获得，调研肉鸡养殖场的疾病感染率和死亡率通过访谈养殖主体获得。在考察疾病感染率和死亡率时，也按照普通疾病和烈性传染病进行分类。值得注意的是，由于烈性传染病暴发的偶然性大，本研究仅考察近期肉鸡养殖场疾病感染率和暴发率情况。调研地区及调研肉鸡养殖场疾病感染率和死亡率主要有以下特点：

普通疾病感染率较高。如表 3-8 所示，不管是调研地区肉鸡养殖场的总体普通疾病感染率，还是调研肉鸡养殖场的普通疾病感染率均在 35％以上，也即存栏鸡只从进栏到出栏，约 35％的鸡只将遭遇普通疾病的侵害。从死亡率上看，不管是调研地区肉鸡养殖场的总体情况还是调研肉鸡养殖场的情况，感染鸡群的死亡率均在 5％以上，普通疾病风险是影响调研地区肉鸡养殖场死亡率的主要风险。

调研肉鸡养殖场普通疾病感染率及死亡率低于地区普通疾病感染率和死亡率。如表 3-8 所示，调研地区鸡场的总体普通疾病感染率为 43.87％，高于调研肉鸡养殖场近 7 个百分点，也即相对于调研肉鸡养殖场而言，地区疫病风险较大。

五年来遭受烈性传染病侵袭的肉鸡养殖场广泛，且损害程度大。根据调研地区畜牧兽医站的统计数据，五年内发生过烈性传染病的肉鸡养殖场

101 家，占总数的 30.42％，其中白羽肉鸡养殖场 59 家，占 5 年来发生过烈性传染病的肉鸡养殖场的 58.41％，黄羽肉鸡养殖场 42 家，占总数的 41.58％。调研发生的烈性疫病平均感染率为 11.82％，平均死亡率为 4.67％，烈性传染病仍然是威胁调研肉鸡养殖场的重要诱因之一，特别是高致病性禽流感 H5N1 和 H7N9 暴发，给肉鸡产业带来了重大损失（表 3-8）。

表 3-8　鸡只疾病感染率和死亡率情况

感染率和死亡率	总体		白羽肉鸡		黄羽肉鸡	
	均值	标准差	均值	标准差	均值	标准差
当地鸡只疾病感染率（％）	43.87	32.87	37.97	32.38	50.86	32.17
当地鸡只死亡率（％）	6.25	6.01	4.75	4.15	8.02	7.28
调研肉鸡养殖场鸡只疫病感染率（％）	36.1	29.85	32.09	32.22	40.83	26.08
调研肉鸡养殖场鸡只疫病死亡率（％）	5.59	3.48	4.08	2.52	7.38	3.61
调研肉鸡养殖场烈性传染病平均感染率（％）	11.82	23.7	13.48	25.36	9.85	21.5
调研肉鸡养殖场烈性传染病平均死亡率（％）	4.67	12.13	5.14	12.97	4.12	11.08

数据来源：根据调研数据整理获得。

3.2.4　调研鸡场用药现状

1. 药物来源

调研肉鸡养殖场饲料来源和药物来源渠道主要有 5 种，具体为大型养殖公司、生产厂家、经销商、经纪人以及当地畜牧兽医站。

九成以上的饲料直接来自大型养殖公司、生产厂家和经销商。从调研数据看，饲料来自大型养殖公司占比为 67.96％，来自生产厂家占比为 15.27％，来自经销商占比为 14.97％，可见，大型养殖公司生产厂家和经销商是主要的饲料来源地。特别是大型养殖公司，是肉鸡养殖场最主要的饲料来源渠道。为用料安全及节省用料成本，大型养殖公司往往自行生产饲料，同时也向下游肉鸡养殖场以及其他小规模肉鸡养殖场销售饲料，因此，大型养殖公司便成为饲料的主要来源渠道。部分养殖场户，特别是农户类型的小规模的养殖场户，拥有更多选料的自主权，因此，也会通过与饲料生产厂家签订稳定的购料合同。地理位置较为偏远、交通闭塞的养殖场户，往往直接从当地经销商处购买饲料。

与饲料获取渠道相同，养殖主体从大规模养殖公司、生产厂家和经销商处购买兽药的比例超过 90%，其中大规模养殖公司是兽药的直接供给来源。调研发现，销售饲料的单位同时也是销售兽药的单位，加上部分药物如营养保健品等属于药食同源类药物，购药时主体无需开具处方，因此，养殖主体购买药物的来源渠道与饲料来源渠道分布比例十分吻合。如表 3-9 所示，大型养殖公司作为兽药的来源渠道在 5 种渠道中占比 50.6%，是主要的兽药来源渠道；生产厂家作为主要的药物来源渠道，占比为 26.95%，接近 30%；经销商作为来源渠道，占比为 18.26%，约占 20%。与饲料生产能力相比，部分大型养殖公司不具备兽药的生产能力，因此较之于饲料，生产厂家和经销商更多地作为兽药的选择渠道。值得注意的是，相较于饲料，养殖主体选择兽药的态度更加审慎；同时受兽药品种和成本的影响，养殖主体选择从经纪人、畜牧兽医站以及其他渠道购买的饲料比例较少。

表 3-9 饲料与药物的来源渠道

单位:%

类别	变量	总体	白羽	黄羽
饲料来源	大型养殖公司	67.96	67.96	63.77
	生产厂家	15.27	20.44	9.15
	经销商	14.97	10.50	20.26
	经纪人	8.08	2.21	15.03
	畜牧兽医站	2.10	0.55	3.92
	其他	3.59	3.31	3.92
药物来源	大型养殖公司	50.60	39.78	63.40
	生产厂家	26.95	43.09	7.84
	经销商	18.26	13.81	23.53
	经纪人	9.58	3.87	16.34
	畜牧兽医站	5.09	1.10	9.80
	其他	2.10	1.66	2.61

数据来源：根据调研数据整理获得。

2. 用药种类

本研究按照两种方法划分药物。一是根据临床实践，按照专家、兽医以及养殖技术员的建议，从用药目的及用药环节将药物划分为预防性用药和治疗性用药。二是根据《中华人民共和国兽药典（2015 版）》从药物特性上将药物划分为 6 大类：疫苗、抗生素、化学类药物、中药、微生态制剂以及营养保健品。预防性用药包括上述 6 大类药物，治疗性药物包括除疫苗外的上述 5 大类药物。

疫苗方面。疫苗主要针对烈性传染病如新城疫、禽流感等疾病的预防而采用的药物。根据临床调研，按照病毒的活化程度，疫苗可分为冻干苗和油苗，冻干苗俗称活苗，油苗俗称死苗。目前我国肉鸡产业使用的疫苗主要有新城疫冻干苗、新城疫油苗、新支二联冻干苗、新支二联油苗、传支冻干苗、传支油苗、禽流感二价苗、新流二联油苗、法氏囊冻干苗、新支流法四联油苗以及马立克苗等，具体选用情况见表 3 - 10。由表 3 - 10 可知，新支二联冻干苗是调研肉鸡养殖场选用最广泛的疫苗，总体选用率接近 80%，白羽肉鸡选用率超过 80%。主要原因在于新城疫和传染性支气管炎是主要的烈性传染病。我国的《一、二、三类动物疫病目录》中，新城疫为一类疫病，传染性支气管炎为二类疫病。

表 3 - 10　疫苗的选用情况

单位：%

类别	药物名称	总体	白羽	黄羽
冻干苗	新支二联冻干苗	78.44	81.22	75.16
	新城疫冻干苗	60.18	60.77	59.48
	法氏囊冻干苗	56.89	62.98	49.67
	传支冻干苗	31.14	19.34	45.1
油苗	新流二联油苗	31.44	33.15	29.41
	新城疫油苗	27.84	24.86	31.37
	新支二联油苗	14.97	4.42	27.45
	新支流法四联油苗	12.28	6.08	19.61

数据来源：根据调研数据整理获得。

抗生素方面，按照《中华人民共和国兽药典（2015 版）》，兽用抗生素主要包括 10 大类：氨基糖苷类、四环素类、大环内酯类、林可胺类、多肽类、磺胺类、喹诺酮类、青霉素类、截短侧耳素、林可胺类。考虑到受访者对抗生素类别的名称可能较为陌生，调研中将抗生素进一步细化，制定其具体名称，以方便调研。结合前期预调研情况，并在征询相关技术人员的意见下，限于篇幅，本研究具体列举出了 21 种常用抗生素名称：氟苯尼考、阿莫西林、多西环素、恩诺沙星、地克珠利、替米考星、新霉素、安普霉素、泰乐菌素、磺胺氯吡嗪钠、林可霉素、妥曲珠利、青霉素、头孢、氨苄西林、红霉素、大观霉素、利高霉素、磺胺间甲氧嘧啶、金霉素和阿奇霉素。限于篇幅，本研究仅列举 21 种常用抗生素。

抗生素是调研肉鸡养殖场广泛使用的药物，其中氯霉素类人工合成抗生素氟苯尼考是使用最广泛的药物。如表 3-11 所示，334 个肉鸡养殖场一年时间内使用的抗生素为 27 种 10 大类，涵盖了《中华人民共和国兽药典（2015 版）》规定的全部抗生素大类。从总体上看，氯霉素类人工合成抗生素氟苯尼考是肉鸡养殖场选用最广泛的抗生素，选择氟苯尼考的肉鸡养殖场高达 82.04%。主要原因在于：一是氟苯尼考是兽类专用广谱抗菌药物，广泛用于大肠杆菌、沙门氏菌和支原体感染的治疗；二是该类抗生素属于抑菌药物，既可以作为预防性用药，又可作为治疗性用药；三是该类抗生素的价格适中，属于易接受的范围。

表 3-11　抗生素选用情况

单位：%

类别	药物名称	总体	白羽	黄羽
氯霉素类	氟苯尼考	82.04	81.22	83.01
青霉素	阿莫西林	70.36	70.72	69.93
	青霉素	15.27	18.78	11.11
	头孢	13.77	6.08	22.88
	氨苄西林	13.47	7.73	20.26
四环素	多西环素	64.67	69.06	60.13
	金霉素	8.38	2.76	15.03
喹诺酮	恩诺沙星	56.59	43.09	71.9

（续）

类别	药物名称	总体	白羽	黄羽
氨基糖苷类	替米考星	51.2	49.72	52.94
	新霉素	35.63	21.55	52.94
	大观霉素	11.68	9.39	14.38
氨基糖苷类	利高霉素	11.08	12.15	9.8
	泰乐菌素	44.31	33.15	57.52
大环内酯类	红霉素	13.17	14.92	11.11
多肽类	阿奇霉素	3.29	2.21	4.58
	粘杆菌素	32.93	28.18	38.56
	安普霉素	32.34	18.78	48.37
截短侧耳素	泰妙菌素	29.64	22.1	38.56
林可酰胺	林可霉素	21.26	12.71	31.37
磺胺类	磺胺间甲氧嘧啶	8.98	2.21	16.99
	磺胺氯吡嗪钠	22.16	7.73	39.22

数据来源：根据调研数据整理获得。

化学类药物方面，化学药物主要包括抗寄生虫类药物、解热镇痛以及调节组织代谢类药物。总的来看，化学类药物选用以抗寄生虫类药物为主，总体选用种类较少，选用比例较低。由表 3-12 可知，334 个调研肉鸡养殖场使用最广泛的三种化学类药物为磺胺氯吡嗪钠（22.16%）、地克珠利（53.59%）、妥曲珠利（18.86%）。不管是白羽肉鸡还是黄羽肉鸡，化学药物使用率相对较低，原因可能在于化学类药物较为昂贵，加之部分化学药物受到严格的限制，大部分肉鸡养殖场对化学类药物使用并不广泛。

表 3-12　化学药物的选用情况

单位：%

类别	药物名称	总体	白羽	黄羽
化学类药物	地克珠利	53.59	34.81	75.82
	妥曲珠利	18.86	11.05	28.1
	磺胺氯吡嗪钠	22.16	2.10	20.06

数据来源：根据调研数据整理获得。

中药方面，调研中药名目繁多，根据治疗疾病以及主成分划分，肉鸡养殖场选用的中药主要有黄芪多糖制剂、双黄连制剂、清瘟败毒制剂、麻杏石甘制剂、杨树花制剂、白头翁制剂。同一种主成分药，有散剂、水剂、预混剂等剂型，本研究仅以制剂统称。从临床实践上看，中药制剂不仅能调节机体，而且具有抗病毒作用，调研肉鸡养殖场多采用中药替代抗病毒的化学药物，因此中药也是使用较为广泛的药物。如表 3 - 13 所示，334 个肉鸡养殖场选用最广泛的四种中药为黄芪多糖制剂（71.86%）、双黄连制剂（70.06%）、清瘟败毒制剂（60.78%）、麻杏石甘制剂（59.58%）。

表 3 - 13　中药选用情况

单位：%

药物名称	总体	白羽	黄羽
黄芪多糖制剂	71.86	65.75	79.08
双黄连制剂	70.06	68.51	71.9
清瘟败毒制剂	60.78	52.49	70.59
麻杏石甘制剂	59.58	50.83	69.93

数据来源：根据调研数据整理获得。

微生态制剂方面，微生态制剂的主要成分是有益菌及其代谢产物，其作用机理在于抑制有害菌繁殖、改善内环境、平衡菌群、影响并改善生理生化反应、优化新陈代谢，来达到保健、促生长乃至治疗的目的。根据《中华人民共和国兽药典（2015 版）》，将微生态制剂分为菌制剂、酸制剂和酶制剂。由于菌制剂在预防疾病特别是细菌性疾病方面具有一定的效果，部分肉鸡养殖场选用其作为预防用药，菌制剂是微生态制剂中选用最广泛的药物（51.5%）（表 3 - 14）。

表 3 - 14　中药、微生态制剂、营养保健品的选用情况

单位：%

药物名称	总体	白羽	黄羽
菌制剂	51.5	42.54	62.09
酸化剂	44.91	49.17	39.87
酶制剂	15.57	17.13	13.73

数据来源：根据调研数据整理获得。

营养保健品方面，包括氨基酸、维生素、微量矿物元素和非蛋白氮化物等。盲目添加多种营养保健品，产生拮抗作用风险较大，非但不能提高肉鸡生产性能，反而增加死亡风险。农业部 220 号公告对微量元素添加作了相应的规定。调研发现，维生素类营养保健品是当前肉鸡养殖场选用最广泛的药物，其选用率高达 75.45%，黄羽肉鸡养殖场选用比例高于白羽肉鸡养殖场（表 3-15）。

表 3-15　营养保健品的选用情况

单位：%

药物名称	总体	白羽	黄羽
维生素	75.45	71.82	79.74

数据来源：根据调研数据整理获得。

3. 用药天数

本研究按照预防性用药和治疗性用药分类统计用药天数。药物的频次是指治疗疗程的频率，临床上将一个疗程称之为一次，因此可根据治疗频次及疗程的时间跨度计算饲养期内的治疗天数。注射、滴鼻、点眼、喷雾、饮水免疫是常见的免疫方式，由于防疫往往在一天内完成，因此在计算疫苗用药频次时往往将一次防疫计为一次用药。此外，中药、微生态制剂及营养保健品由于其毒副作用小，且多为预防用药和治疗的辅助用药，多数肉鸡养殖场并非按照休药期及规定的疗程用药，因此该部分将累计计算三者用药天数。

总体来看，调研肉鸡养殖场鸡群累计用药时间较长。如表 3-16 所示，调研肉鸡养殖场一批鸡累计用药平均天数为 51.71 天，其中，预防性用药累计天数为 42.1 天，治疗性用药累计天数为 9.6 天，预防性用药天数显著大于治疗性用药天数。预防性用药天数中，用药时间最长的药物为营养保健品，累计用药时间为 18.5 天。抗生素的累计用药天数为 4.8 天，在预防性用药天数中位居第四位。在治疗性用药累计天数中，用药时间最长的为抗生素，累计用药天数为 6.3 天。

疫苗用药频次方面，防疫已经覆盖主要的烈性传染病。调研肉鸡养殖场累计平均免疫次数为 4.06 次，白羽肉鸡平均免疫次数 3.2 次，黄羽肉

表 3 - 16　用药次数及天数

类别	药物	总体				白羽				黄羽			
		均值	标准差	最小值	最大值	均值	标准差	最小值	最大值	均值	标准差	最小值	最大值
	用药累计天数（天）	51.71	41.65	2	244	33.63	21.68	2	129	73.09	48.93	9	244
预防	预防累计天数（天）	42.1	35.01	2	187	27.71	19.94	2	122	59.14	40.94	7	187
	疫苗（次）	4.04	1.37	1	9	3.21	0.82	1	5	5.03	1.22	2	9
	抗生素（天）	4.76	3.53	0	27	4.28	2.67	0	12	5.33	4.28	0	27
	化学药物（天）	0.28	1.05	0	12	0.37	1.27	0	12	0.18	0.67	0	4
	中药（天）	6.42	5.4	0	25	5.01	4.54	0	21	8.1	5.85	0	25
	微生态制剂（天）	8.09	12.27	0	60	5.46	8.06	0	44	11.2	15.32	0	60
	营养保健品（天）	18.5	21.99	0	113	9.38	11.86	0	56	29.29	26.01	0	113
治疗	治疗累计天数（天）	9.6	10.5	0	69	5.92	4.64	0	31	13.95	13.45	0	69
	抗生素（天）	6.25	6.58	0	34	3.82	2.91	0	19	9.12	8.35	0	34
	化学药物（天）	0.38	1.13	0	15	0.39	1.31	0	15	0.37	0.88	0	3
	中药（天）	2.74	5.32	0	39	1.57	2.2	0	14	4.12	7.26	0	39
	微生态制剂（天）	0.04	0.24	0	3	0.04	0.23	0	2	0.03	0.26	0	3
	营养保健品（天）	0.16	1.03	0	13	0.09	0.5	0	5	0.24	1.41	0	13

数据来源：根据调研数据整理获得。

鸡平均免疫次数 5.08 次。新城疫（ND）（2.29 次）、传染性支气管炎（IB）（1.32 次）、高致病性禽流感（BF）（1.02 次）是免疫次数最多的前三种疾病，免疫次数均在 1 次以上，黄羽肉鸡平均免疫次数明显高于白羽肉鸡（表 3 - 17）。

表 3 - 17　主要烈性传染病防疫次数

防疫次数	总体		白羽		黄羽	
	均值	方差	均值	方差	均值	方差
新城疫（次）	2.29	0.88	2.2	0.8	2.39	0.95
传染性支气管炎（次）	1.32	0.78	1.12	0.67	1.56	0.84
高致病性禽流感（次）	1.02	0.67	0.75	0.53	1.34	0.67
传染性法氏囊（次）	0.81	0.56	0.69	0.48	0.95	0.62
马立克氏病（次）	0.46	0.5	0	0	1	0
其他（次）	0.29	0.59	0.12	0.35	0.5	0.73

数据来源：根据调研数据整理获得。

抗生素在饲养过程中使用十分广泛。如表 3 - 16 所示，总体上看，预防性用药天数占平均饲养天数的 7.2%，白羽肉鸡预防性用药天数占总饲养天数的 9.8%。预防性抗生素在肉鸡养殖场的使用较为常见；治疗性抗生素用药天数占饲养总天数的 18.9%，白羽肉鸡治疗性抗生素投入天数与黄羽肉鸡治疗性抗生素投入天数与总饲养天数较为接近，二者分别为 18.53% 和 19.11%，抗生素用药总天数占总饲养天数的 26.09%，占总饲养天数的四分之一以上，这表明抗生素在调研肉鸡养殖场中的使用十分广泛。

化学药物平均用药疗程较短。总体来看，化学药物用药天数较短，平均不足半天（0.28 天），相较而言，白羽肉鸡化学药物投入天数较长，而黄羽肉鸡化学药物投入较短。从调研的反映看，化学药物使用较少的原因主要有三点：一是化学药物成本优势并不明显，成本往往高于疫苗、微生态制剂和营养保健品；二是化学药物使用被限制，如盐酸吗啉胍、金刚烷胺、利巴韦林等抗病毒药物已被禁用，同时部分化学药物已被中药代替；三是化学药物在预防和治疗细菌性疾病上效果优势不及抗生素明显，从主要疫病分布可知，针对大肠杆菌、沙门氏菌、支原体感染等细菌性疾病养殖主体投入的药物主要为抗生素，化学药物的选用较少。

中药方面，中药平均使用疗程较长且主要用于预防环节。如表3－16所示，总的来看，中药的用药天数（8天）略少于抗生素且主要用于预防疫病。从预防环节看，中药平均用药天数为6天，明显高过疫苗和抗生素，而治疗环节用药天数不到3天（2.74天）。分品种看，黄羽肉鸡养殖场中药的预防最高平均达到8天而治疗天数仅为4天，养殖场使用中药的主要目标在于预防疾病。中药用药时间较长的主要原因在于：第一，中药的毒性较小且中药多属于非处方类药物，在使用疗程上，养殖主体有更多的决定权。第二，从治疗作用看，中药的作用主要在于抗病毒，对于多数的细菌性疫病来说，中药的效果并不如所预料的理想，对于大多数致病菌所引起的疾病，养殖主体往往选用抗生素来治疗。

微生态制剂主要用于预防环节。如表3－16所示，微生态制剂在预防环节使用的天数平均为8天，约占总饲养天数（69天）的11.59%。分类来看，白羽肉鸡微生态制剂使用天数为5.46天，占白羽肉鸡平均饲养天数（46天）的11.87%，黄羽肉鸡微生态制剂平均使用天数为11.2天，占黄羽肉鸡饲养天数的11.55%。在预防阶段，微生态制剂占比较大，而在治疗阶段，微生态制剂占比较小，总的来看，微生态制剂在治疗方面占比不足（0.06%）。

营养保健品是各类药物中投入时间最长的药物且主要用于预防环节。总体来看，营养保健品平均投入时间20天，占平均饲养天数的27.54%。从预防环节看，营养保健品投入时间接近19天，占饲养总天数四分之一以上，而从治疗环节看，营养保健品投入不足1天。总体来看，养殖主体选择营养保健品的目标主要是预防疾病。

4. 用药剂量

为计算药物的剂量，调研人员首先询问药物总投入数量（瓶、桶、袋），其次询问了相关药物的规格，药物的规格是指包装药物的容器（袋、瓶、桶）所含药物的容量，最后在获得年鸡只出栏量的基础上，计算单只鸡药物投入剂量。对于复方制剂或者混合制剂，在计算药物有效干物质的含量的前提下，计算单只鸡药物投入剂量。另外，实际生产中养殖主体往往按照防疫病种计算疫苗的投入剂量，本研究同样采用该方法。

总体来看，单只鸡进食各类药物总和超过9克。根据表3－18，除疫

表 3-18 兽药投入剂量

类别	药物	总体				白羽				黄羽			
		均值	标准差	最小值	最大值	均值	标准差	最小值	最大值	均值	标准差	最小值	最大值
预防	疫苗（毫升/只）	1.84	0.79	0.14	6.89	1.62	0.64	0.14	4.72	2.1	0.87	0.71	6.89
	抗生素（克/只）	0.36	0.31	0	2.34	0.41	0.33	0	2.34	0.3	0.26	0	1.55
	化学药物（克/只）	0.03	0.1	0	0.66	0.04	0.11	0	0.66	0.02	0.09	0	0.65
	中药（克/只）	0.7	0.81	0	4.52	0.49	0.7	0	4.52	0.94	0.87	0	4.32
	微生态制剂（克/只）	1.22	1.92	0	18.81	0.99	1.84	0	18.81	1.48	1.98	0	10.1
	营养保健品（克/只）	5	7.11	0	57.14	4.2	6.54	0	45.45	5.95	7.64	0	57.14
治疗	抗生素（克/只）	0.79	0.52	0.05	3.29	0.75	0.43	0.05	2.28	0.84	0.61	0.08	3.29
	化学药物（克/只）	0.08	0.21	0	1.62	0.09	0.22	0	1	0.07	0.2	0	1.62
	中药（克/只）	0.56	0.73	0	4.12	0.48	0.69	0	4.12	0.65	0.76	0	3.34
	微生态制剂（克/只）	0.03	0.23	0	3.23	0.03	0.25	0	3.23	0.02	0.2	0	2.2
	营养保健品（克/只）	0.33	2.08	0	28.57	0.15	0.94	0	10	0.54	2.89	0	28.57

数据来源：根据调研数据整理获得。

苗外，单只鸡用药剂量为 9.1 克，其中单只鸡进食预防性用药为 7.31
克，治疗性用药为 1.79 克。在预防性用药中，进食量最高的药物为营
养保健品，单只鸡进食营养保健品为 5 克。在治疗性用药中，进食量最
高的药物为抗生素，单只鸡进食量为 0.79 克。从剂量上看营养保健品
是预防性用药中使用最多的药物，而抗生素则是治疗性用药中使用最多
的药物。

　　在新城疫防疫上，单只鸡疫苗的投入剂量最高。如表 3-19 所示，单
只鸡新城疫的用药剂量为 0.67 毫升，远超过传染性支气管炎、高致病性
禽流感和法氏囊。分类来看，不管是白羽肉鸡还是黄羽肉鸡，新城疫防疫
方面的疫苗的投入量最高，一个重要的原因在于新城疫是肉鸡养殖业最常
见的烈性传染病之一。另外，除新城疫外，黄羽肉鸡与白羽肉鸡疫苗投入
差别较大，白羽肉鸡疫苗投入剂量从多到少依次为传染性支气管炎、禽流
感和法氏囊，而黄羽肉鸡依次为禽流感、法氏囊和传染性支气管炎，可
见，禽流感的防疫上，黄羽肉鸡投入剂量显著高于白羽肉鸡。

表 3-19　疫苗的用药剂量

疫病	总体		白羽		黄羽	
	均值	标准差	均值	标准差	均值	标准差
新城疫（毫升/只）	0.67	0.41	0.66	0.42	0.69	0.40
传染性支气管炎（毫升/只）	0.35	0.26	0.36	0.26	0.35	0.27
高致病性禽流感（毫升/只）	0.41	0.29	0.30	0.25	0.53	0.29
传染性法氏囊（毫升/只）	0.32	0.27	0.27	0.26	0.37	0.27
其他（毫升/只）	0.11	0.23	0.05	0.12	0.18	0.30

　　数据来源：根据调研数据整理获得。

　　治疗环节投入剂量在抗生素总投入剂量中占比较高。如表 3-20 所
示，预防性抗生素投入量仅占三成，而治疗性抗生素占抗生素投入总剂量
的七成，这说明，调研肉鸡养殖场抗生素的使用以治疗为主。从抗生素具
体品类上看，β-酰胺类抗生素阿莫西林的用药剂量最高。单只鸡阿莫西
林的有效干物质摄入量为 0.09 克，其中预防性用药为 0.03 克以上，治疗
性抗生素接近 0.07 克，进一步说明，抗生素的投入以治疗为主。

表 3-20　主要抗生素的用药剂量

类别	药物	总体			白羽			黄羽		
		总体	预防	治疗	总体	预防	治疗	总体	预防	治疗
氯霉素	氟苯尼考（克/只）	0.08	0.03	0.05	0.1	0.04	0.06	0.06	0.02	0.04
β-酰胺类	阿莫西林（克/只）	0.09	0.03	0.07	0.12	0.04	0.08	0.06	0.02	0.04
青霉素	青霉素（克/只）	0.02	0	0.02	0.03	0.01	0.02	0.01	0	0.01
	头孢（克/只）	0.02	0	0.01	0.01	0	0.01	0.03	0.01	0.02
	氨苄西林（克/只）	0.01	0	0.01	0.01	0	0.01	0.01	0	0.01
四环素	多西环素（克/只）	0.06	0.02	0.04	0.08	0.02	0.06	0.04	0.01	0.03
	金霉素（克/只）	0.01	0	0	0	0	0	0.01	0	0
喹诺酮	恩诺沙星（克/只）	0.07	0.02	0.05	0.07	0.02	0.05	0.06	0.02	0.04
大环内酯	替米考星（克/只）	0.07	0.02	0.05	0.08	0.02	0.06	0.06	0.02	0.04
	泰乐菌素（克/只）	0.05	0.02	0.04	0.05	0.02	0.04	0.05	0.01	0.03
	红霉素（克/只）	0.01	0	0.01	0.02	0	0.01	0.01	0	0.01
	阿奇霉素（克/只）	0	0	0	0	0	0	0	0	0
氨基糖苷	新霉素（克/只）	0.04	0.01	0.03	0.03	0.01	0.03	0.05	0.01	0.04
	大观霉素（克/只）	0	0	0	0.01	0	0	0	0	0
	利高霉素（克/只）	0	0	0	0	0	0	0	0	0
多肽类	粘杆菌素（克/只）	0.04	0.01	0.03	0.04	0.01	0.03	0.04	0.01	0.03
	安普霉素（克/只）	0.03	0.01	0.02	0.03	0.01	0.02	0.04	0.01	0.03
截短侧耳素	太妙菌素（克/只）	0.02	0.01	0.01	0.02	0.01	0.01	0.02	0.01	0.01
林可酰胺	林可霉素（克/只）	0.01	0	0.01	0.01	0	0.01	0.01	0	0.01
磺胺类	氯吡嗪钠（克/只）	0.02	0.01	0.01	0.01	0	0.01	0.03	0.01	0.02
	甲氧嘧啶（克/只）	0.02	0.01	0.01	0	0	0	0.03	0.01	0.02

数据来源：根据调研数据整理获得。

与抗生素相同，化学药物投入以治疗为主。预防环节，单只鸡化学药物投入剂量仅为 0.03 克，而治疗环节单只鸡化学药物的投入 0.08 克，治疗环节的化学药物的投入量大约是预防环节的 3 倍，这说明，化学药物主要用于疫病的治疗。从具体品类上看，地克珠利是肉鸡养殖场常用的化学药物，在预防环节的投入仅为 0.01 克，而在预防环节的投入剂量则为 0.05 克

（表 3-21）。总体来看，肉鸡养殖场在化学药物的使用上，以治疗疾病为主。

表 3-21 主要化学药物的用药剂量

类别	药物	总体		白羽		黄羽	
		均值	标准差	均值	标准差	均值	标准差
预防	地克珠利（克/只）	0.01	0.04	0.01	0.04	0.01	0.04
	妥曲珠利（克/只）	0.00	0.02	0.00	0.02	0.00	0.01
治疗	地克珠利（克/只）	0.05	0.13	0.06	0.14	0.04	0.11
	妥曲珠利（克/只）	0.00	0.03	0.01	0.03	0.00	0.00

数据来源：调研数据整理获得。

中药在预防环节的投入略高于治疗环节的投入。如表 3-18、表 3-22 所示，单只鸡药物投入总剂量为 10.9 克，其中预防环节中药的投入为 0.7 克，占总收入剂量的 6.4%，而治疗环节中药的投入为 0.56 克，占药物总投入剂量的 5.11%，二者相差不大，单从剂量上看，中药在预防和治疗上比重相当。从具体品类来看，双黄连制剂是预防剂量投入最高的中药制剂，而黄芪多糖制剂和双黄连制剂则是在治疗环节投入剂量最高的中药制剂。

表 3-22 主要中药的用药剂量

类别	药物	总体		白羽		黄羽	
		均值	标准差	均值	标准差	均值	标准差
预防	黄芪多糖制剂（克/只）	0.08	0.19	0.05	0.11	0.12	0.25
	双黄连制剂（克/只）	0.14	0.16	0.10	0.14	0.19	0.17
	清瘟败毒制剂（克/只）	0.04	0.05	0.03	0.04	0.05	0.05
	麻杏石干散制剂（克/只）	0.02	0.02	0.01	0.02	0.02	0.02
治疗	黄芪多糖制剂（克/只）	0.11	0.15	0.10	0.14	0.13	0.15
	双黄连制剂（克/只）	0.11	0.15	0.10	0.14	0.13	0.15
	清瘟败毒制剂（克/只）	0.06	0.08	0.05	0.08	0.07	0.08
	麻杏石干散制剂（克/只）	0.06	0.07	0.05	0.07	0.06	0.08

数据来源：根据调研数据整理获得。

微生态制剂投入以预防为主，其中，菌制剂的投入剂量最高。如表 3-23 所示，从用药环节上看，预防环节微生态制剂投入占微生态制剂投入总量的 95％ 以上。三类微生态制剂平均投入量排序依次为菌制剂、酶制剂、酸制剂，其中，菌制剂在预防环节的投入量最高，多于酶制剂和酸制剂之和，进一步表明菌制剂在微生态制剂中是最为常用的制剂。

表 3-23 微生态制剂的用药剂量

类别	药物	总体		白羽		黄羽	
		均值	标准差	均值	标准差	均值	标准差
预防	菌制剂（克/只）	0.61	0.96	0.50	0.92	0.74	0.99
	酸制剂（克/只）	0.15	0.24	0.12	0.23	0.18	0.25
	酶制剂（克/只）	0.32	0.51	0.27	0.49	0.39	0.53
治疗	菌制剂（克/只）	0.02	0.16	0.02	0.18	0.01	0.14
	酸制剂（克/只）	0.00	0.05	0.00	0.06	0.00	0.03
	酶制剂（克/只）	0.02	0.15	0.02	0.17	0.01	0.13

数据来源：根据调研数据整理获得。

营养保健品在治疗环节投入中占绝对比重。预防性营养保健品单只鸡投入量为 5 克，占总投入剂量的 9 成以上，而治疗性营养保健品单只鸡的投入量仅为 0.33 克，占比较小。维生素是营养保健品中使用最广泛的药物（表 3-24），其在预防环节投入剂量为 3.77 克，而治疗环节投入量仅为 0.19 克。

表 3-24 营养保健品的用药剂量

类别	药物	总体		白羽		黄羽	
		均值	标准差	均值	标准差	均值	标准差
预防	维生素（克/只）	3.77	5.40	2.94	4.58	4.76	6.11
治疗	维生素（克/只）	0.19	1.23	0.08	0.47	0.32	1.74

数据来源：根据调研数据整理获得。

5. 用药成本

在明确单只鸡抗生素投入剂量的基础上，研究人员通过抗生素价格进一步折算单只鸡抗生素用药成本，单只鸡用药成本的计算公式为：

$$\sum C_{drug} = \sum Q_{drug} \times P_{drug} \qquad (3-1)$$

式中，C_{drug} 为单只鸡用药成本，Q_{drug} 为单只鸡用药量，P_{drug} 为单只鸡用药价格。

根据不同地区、不同药物零售价格，折算出疫苗的平均价格为 217.05 元/升，抗生素的平均均价为 968.75 元/千克，化学药物的平均价格为 311.49 元/千克，中药制剂平均价格为 130.21 元/升，微生态制剂平均价格为 48.12 元/千克，营养保健品平均价格为 11.71 元/千克（表 3-25）。

疫苗的用药成本约占预防性用药一半。如表 3-26 所示，疫苗的用药成本为 0.4 元，而预防性用药的成本为 0.83 元，疫苗成本占预防性用药成本的 48.19%，疫苗成本约占预防性用药一半。从防疫病种上看，单只鸡疫苗投入成本由高到低排序依次为新城疫、传染性支气管炎、高致病性禽流感、法氏囊（表 3-27）。

抗生素在治疗性用药中占主要部分。如表 3-26 所示，抗生素投入中，治疗环节抗生素投入占抗生素总成本的 68.66%，接近七成，抗生素主要用于疾病的治疗。从药物总体来看，治疗性抗生素占治疗性药物总投入的 82.14%，抗生素投入也是治疗性用药投入的主要部分。总体上投入成本排在前五位的抗生素为氟苯尼考（0.07 元）、阿莫西林（0.06 元）、多西环素（0.06 元）、恩诺沙星（0.05 元）和替米考星（0.04 元）（表 3-28）。上述五种药物投入量排名靠前的原因在于：一是兽药成本适中，在养殖主体可以负担的范围内；二是上述药物多属于广谱抗菌药物，治疗范围较广，既可以作为预防用药，又可以作为治疗用药；三是部分药物属于兽类专用药物，对于畜禽疾病预防和治疗的针对性强。

化学药物投入在各类药物投入中占比最小。总体上看，化学药物与药物总投入之比不足 3%（表 3-26）。从用药环节上看，3/4 以上的化学药物主要用于治疗环节，预防环节所用化学药物所占比重仍然很小，占比为 1.2%，例如常用化学药物地克珠利的单只鸡投入成本不足 0.03 元（表 3-29），其中预防环节单只鸡投入不足 0.01 元，治疗环节化学药物单只鸡投入也仅在 0.02 元（表 3-26），正如前文所述，由于化学药物的毒性较强，部分已被列为禁用药物，同时化学药物使用成本并不低廉，使用较少。

表 3 - 25 药物的价格

药物	总体				白羽				黄羽			
	均值	方差	最小值	最大值	均值	方差	最小值	最大值	均值	方差	最小值	最大值
疫苗（元/升）	217.05	7.95	205.2	238.8	212.88	4.19	205.2	218.4	221.98	8.52	211.2	238.8
抗生素（元/千克）	968.75	0	968.75	968.75	968.75	0	968.75	968.75	968.75	0	968.75	968.75
化学药物（元/千克）	311.49	11.24	296.5	347.5	304.18	3.45	296.5	309.25	320.14	11.12	309.25	347.5
中药（元/千克）	130.21	6.76	48.5	136.25	131.22	6.87	48.5	136.25	129.02	6.45	115.75	135.5
微生态制剂（元/千克）	48.13	1.44	45.5	51.5	47.81	1.55	45.67	51.5	48.51	1.19	45.5	50
营养保健品（元/千克）	11.71	1.56	10	14	10.77	0.61	10	12.5	12.83	1.6	10.5	14

数据来源：根据调研数据整理获得。

表3-26 药物投入成本

类别	药物	总体				白羽				黄羽			
		均值	标准差	最小值	最大值	均值	标准差	最小值	最大值	均值	标准差	最小值	最大值
总计	药物投入（元/只）	1.39	0.54	0.1	3.305	1.27	0.46	0.1	2.85	1.53	0.6	0.5	3.31
	预防用药（元/只）	0.83	0.36	0.05	2.705	0.75	0.33	0.047	2.24	0.92	0.37	0.3	2.71
	疫苗（元/只）	0.4	0.17	0.03	1.505	0.35	0.14	0.03	1.03	0.47	0.19	0.16	1.51
	抗生素（元/只）	0.21	0.17	0	1.3	0.23	0.19	0	1.3	0.18	0.15	0	0.9
预防	化学药物（元/只）	0.01	0.03	0	0.2	0.01	0.03	0	0.2	0.01	0.03	0	0.2
	中药（元/只）	0.09	0.1	0	0.6	0.06	0.09	0	0.6	0.12	0.11	0	0.5
	微生态制剂（元/只）	0.06	0.09	0	0.87	0.05	0.09	0	0.87	0.07	0.1	0	0.5
	营养保健品（元/只）	0.06	0.08	0	0.8	0.04	0.07	0	0.5	0.07	0.1	0	0.8
	治疗用药（元/只）	0.56	0.36	0	2.3	0.52	0.31	0	1.7	0.61	0.41	0	2.3
	抗生素（元/只）	0.46	0.31	0	2	0.43	0.25	0	1.3	0.5	0.37	0	2
治疗	化学药物（元/只）	0.03	0.06	0	0.5	0.03	0.07	0	0.3	0.02	0.06	0	0.5
	中药（元/只）	0.07	0.09	0	0.44	0.06	0.09	0	0.4	0.08	0.1	0	0.44
	微生态制剂（元/只）	0.001	0.011	0	0.15	0	0.01	0	0.15	0.001	0.01	0	0.1
	营养保健品（元/只）	0.004	0.022	0	0.3	0	0.01	0	0.1	0.006	0.03	0	0.3
诊疗	诊疗费（元/只）	0.04	0.02	0.01	0.08	0.03	0.01	0.01	0.04	0.06	0.02	0.01	0.08

数据来源：根据调研数据整理获得。

表 3-27　主要疫苗的用药成本

烈性传染病	总体		白羽		黄羽	
	均值	标准差	均值	标准差	均值	标准差
新城疫（元/只）	0.15	0.09	0.14	0.09	0.15	0.09
传染性支气管炎（元/只）	0.08	0.06	0.08	0.06	0.08	0.06
高致病性禽流感（元/只）	0.08	0.06	0.06	0.05	0.11	0.06
法氏囊（元/只）	0.07	0.06	0.06	0.06	0.08	0.06
其他（元/只）	0.03	0.06	0.01	0.03	0.05	0.08

数据来源：根据调研数据整理获得。

表 3-28　主要抗生素的用药成本

类别	药物	总体			白羽			黄羽		
		总体	预防	治疗	总体	预防	治疗	总体	预防	治疗
氯霉素	氟苯尼考（元/只）	0.07	0.02	0.05	0.09	0.03	0.07	0.05	0.02	0.04
酰胺	阿莫西林（元/只）	0.06	0.01	0.05	0.08	0.02	0.06	0.04	0.01	0.03
青霉素	青霉素（元/只）	0.01	0.00	0.01	0.02	0.00	0.01	0.01	0.00	0.01
	头孢（元/只）	0.01	0.00	0.01	0.00	0.00	0.00	0.02	0.00	0.01
	氨苄西林（元/只）	0.01	0.00	0.01	0.01	0.00	0.00	0.01	0.00	0.01
四环素	多西环素（元/只）	0.06	0.02	0.05	0.09	0.03	0.06	0.04	0.01	0.03
	金霉素（元/只）	0.00	0.00	0.00	0.00	0.00	0.00	0.01	0.00	0.00
喹诺酮	恩诺沙星（元/只）	0.05	0.01	0.03	0.05	0.01	0.03	0.04	0.01	0.03
大环内酯	替米考星（元/只）	0.04	0.01	0.03	0.05	0.01	0.04	0.03	0.01	0.02
	泰乐菌素（元/只）	0.03	0.01	0.02	0.04	0.01	0.02	0.03	0.01	0.02
	红霉素（元/只）	0.01	0.00	0.01	0.01	0.00	0.01	0.01	0.00	0.01
	阿奇霉素（元/只）	0.00	0.00	0.00	0.00	0.00	0.00	0.00	0.00	0.00
氨基糖苷	新霉素（元/只）	0.02	0.01	0.02	0.02	0.01	0.01	0.03	0.01	0.02
	大观霉素（元/只）	0.01	0.00	0.01	0.01	0.00	0.01	0.01	0.00	0.00
	利高霉素（元/只）	0.01	0.00	0.00	0.01	0.00	0.00	0.01	0.00	0.00

（续）

类别	药物	总体			白羽			黄羽		
		总体	预防	治疗	总体	预防	治疗	总体	预防	治疗
多肽类	粘杆菌素（元/只）	0.03	0.01	0.02	0.03	0.01	0.02	0.02	0.01	0.01
	安普霉素（元/只）	0.02	0.00	0.02	0.02	0.00	0.01	0.03	0.01	0.02
截短侧耳素	太妙菌素（元/只）	0.02	0.01	0.01	0.02	0.01	0.01	0.01	0.01	0.01
林可酰胺	林可霉素（元/只）	0.01	0.01	0.01	0.01	0.01	0.01	0.01	0.00	0.01
磺胺类	氯吡嗪钠（元/只）	0.01	0.00	0.01	0.00	0.00	0.00	0.03	0.01	0.02
	甲氧嘧啶（元/只）	0.01	0.00	0.01	0.00	0.00	0.00	0.02	0.01	0.01

数据来源：根据调研数据整理获得。

表 3 - 29　主要化学药物的用药成本

类别	药物	总体		白羽		黄羽	
		均值	标准差	均值	标准差	均值	标准差
预防	地克珠利（元/只）	0.00	0.01	0.00	0.01	0.00	0.01
	妥曲珠利（元/只）	0.00	0.01	0.00	0.01	0.00	0.01
治疗	地克珠利（元/只）	0.02	0.04	0.02	0.04	0.01	0.03
	妥曲珠利（元/只）	0.00	0.01	0.00	0.02	0.00	0.00

数据来源：根据调研数据整理获得。

中药投入占总成本投入较少，且预防与治疗两环节的投入差别不大。如表 3 - 26 所示，中药的投入成本占药物投入总成本的 11.51%，中药在六类药物投入成本中比例并不高。从用药环节来看，预防性中药投入略高于治疗性中药的投入，同时，不管是预防还是治疗，中药投入在两环节占比不高。按照投入成本排序四种常用中药依次为双黄连制剂（0.05 元）、黄芪多糖制剂（0.05 元）、清瘟败毒制剂（0.02 元）和麻杏石甘制剂（0.01 元）（表 3 - 30）。黄芪多糖制剂是预防环节投入成本最高的药物，双黄连制剂是治疗环节投入成本最高的药物。

表 3 - 30   主要中药的用药成本

类别	药物	总体		白羽		黄羽	
		均值	标准差	均值	标准差	均值	标准差
预防	黄芪多糖制剂（元/只）	0.04	0.04	0.03	0.04	0.05	0.04
	双黄连制剂（元/只）	0.03	0.03	0.02	0.03	0.04	0.03
	清瘟败毒制剂（元/只）	0.01	0.01	0.01	0.01	0.01	0.01
	麻杏石干制剂（元/只）	0.00	0.01	0.00	0.00	0.01	0.01
治疗	黄芪多糖制剂（元/只）	0.02	0.02	0.01	0.02	0.02	0.02
	双黄连制剂（元/只）	0.02	0.03	0.02	0.03	0.03	0.03
	清瘟败毒制剂（元/只）	0.01	0.02	0.01	0.02	0.02	0.02
	麻杏石干制剂（元/只）	0.01	0.02	0.01	0.02	0.02	0.02

数据来源：根据调研数据整理获得。

与中药类似，微生态制剂投入在药物总投入中占比较少，主要用于预防。如表 3 - 26 所示，总的来看，微生态制剂投入成本占总成本的 4.39%。从用药环节来看，微生态制剂在预防环节投入成本占有绝对比重（98.36%）。常用的三类微生态制剂中，按照投入成本从大到小排序依次为菌制剂（0.03 元）、酶制剂（0.02 元）、酸制剂（0.01 元）。从治疗环节看，三类微生态制剂中，投入成本最高的是菌制剂（表 3 - 31）。

表 3 - 31   微生态制剂的用药成本

类别	药物	总体		白羽		黄羽	
		均值	标准差	均值	标准差	均值	标准差
预防	菌制剂（元/只）	0.03	0.05	0.02	0.04	0.04	0.05
	酸制剂（元/只）	0.01	0.01	0.00	0.01	0.01	0.01
	酶制剂（元/只）	0.02	0.04	0.02	0.03	0.03	0.04
治疗	菌制剂（元/只）	0.00	0.01	0.00	0.01	0.00	0.01
	酸制剂（元/只）	0.00	0.00	0.00	0.00	0.00	0.00
	酶制剂（元/只）	0.00	0.00	0.00	0.00	0.00	0.00

数据来源：根据调研数据整理获得。

与微生态制剂投入类似,营养保健品占比在六类药物中投入成本占比较小。如表 3-26 所示,微生态制剂在药物总投入中占比仅为 4.6%,高于化学药物投入和微生态制剂的投入,低于中药投入,是六类药物中投入成本最少的药物。从用药环节上看,预防环节的营养保健品占营养保健品总投入的 9 成以上,从具体药物上看,常用的营养保健如维生素,主要用于预防(表 3-32)。

表 3-32 营养保健品的用药成本

类别	药物	总体		白羽		黄羽	
		均值	标准差	均值	标准差	均值	标准差
预防	维生素(元/只)	0.04	0.06	0.03	0.05	0.06	0.08
治疗	维生素(元/只)	0.00	0.01	0.00	0.00	0.00	0.02

数据来源:根据调研数据整理获得。

6. 药物饲料添加剂

根据 2017 年发布的《药物饲料添加剂品种目录及使用规范》:除公告收载品种以及农业农村部批准的其他药物饲料添加剂外,饲料生产企业不得在饲料中添加其他兽药。饲料生产企业生产含有药物的饲料添加剂,在同一产品中添加的药物不得超过 3 种,且必须在饲料产品标签中标明所含全部药物成分的通用名、含量、适用动物、休药期及使用注意事项等内容。

饲料使用以成品料为主。按肉鸡生长周期,将肉鸡饲料划分为四种料号,即雏鸡料、中鸡料、成鸡料和育肥料,白羽肉鸡使用的饲料主要集中于雏鸡料和中鸡料。对于黄羽肉鸡而言,无论饲养周期长短,均投喂上述 4 种饲料。从加工方式看,调研鸡场均购买使用成品料,使用自配料的饲养场仅占 4.19%(表 3-33),且自配料主要是辅料。自配料是指养殖主体自己配制的饲料,一般为养殖主体自行加工散料。部分调研肉鸡养殖场建立饲料场,在此将其划分为成品料。受到监管的严格限制,药物添加剂使用严格按照《饲料药物添加剂使用规范》的要求。

表 3 - 33 养殖主体选用饲料的情况

类别	雏鸡料		中鸡料		成鸡料		育肥料		自配料	
	样本(份)	占比(%)	样本(份)	占比(%)	样本(份)	占比(%)	样本(份)	占比(%)	样本(份)	占比(%)
总体	334	100	327	98	282	84.43	63	18.86	14	4.19
白羽	181	100	179	99	160	88.4	14	7.73	0	0
黄羽	153	100	148	97	122	79.74	49	32.03	14	9.15

数据来源：根据调研数据整理获得。

药物饲料添加剂使用占六成。60.48%的养殖主体知道成品饲料中添加药物添加剂，其中白羽肉鸡养殖主体占其总数的51.38%，黄羽肉鸡养殖主体占其总数的71.24%。在使用自配料的养殖主体中，在自配料中添加药物添加剂的养殖主体占总体的3.59%。值得注意的是，白羽肉鸡目前没有使用自配料的养殖主体，在自配料中添加药物饲料添加剂的黄羽肉鸡养殖场占其总数的7.84%。在药物饲料添加剂添加品类上，35.63%的受访者认为成品料中添加抗生素，52.69%的受访者认为饲料中添加除抗生素以外的其他化学药物，33.83%的受访者认为成品料中添加抗生素、化学药物以外的其他药物性饲料添加剂。

六成养殖主体知道饲料中添加兽药。如表3-34所示，60.5%的养殖主体认为饲料中添加兽药，其中认为添加抗生素的养殖主体占比为58.91%，认为饲料中含有化学药物的养殖主体为87.13%，认为饲料中含有其他药物的养殖主体占比为55.94%。知道饲料中含有抗生素的黄羽肉鸡养殖场占比高于白肉鸡养殖场，该研究与MacDonald（2014）研究相似，MacDonald调研发现美国32%的养殖场养殖主体并不知道饲料中添加抗生素。

表 3 - 34 成品料中添加药物的情况

类别	成品料是否添加药物				成品料药物添加剂情况					
	是(份)	占比(%)	否(份)	占比(%)	抗生素(份)	占比(%)	化药(份)	占比(%)	其他(份)	占比(%)
总体	202	60.48	132	39.52	119	58.9	176	87.13	113	55.94
白羽	93	51.38	88	48.62	48	51.6	81	87.1	29	31.18
黄羽	109	71.24	44	28.76	71	65.1	95	87.16	84	77.06

数据来源：根据调研数据整理获得。

相当比例的养殖主体认为饲料中添加化学药物。如表3-35所示，认为饲料中添加化学药物的养殖主体，黄羽肉鸡养殖主体与白羽肉鸡养殖主体占比相当，认为饲料中添加其他药物的养殖主体，黄羽肉鸡养殖主体明显高于白羽肉鸡，原因可能在于黄羽肉鸡养殖主体使用饲料的品类明显高于白羽肉鸡，其对其他药物添加到饲料中的情况更为了解。

表3-35　自配料药物添加剂的情况

类别	自配料添药物添加剂情况				添加药物					
	是（份）	占比（%）	否（份）	占比（%）	抗生素（份）	占比（%）	化药（份）	占比（%）	其他（份）	占比（%）
总体	12	3.59	2	0.6	9	64.29	10	71	11	78.57
白羽	0	0	0	0	0	0	0	0	0	0
黄羽	12	3.59	2	0.6	9	64.29	10	71	11	78.57

数据来源：根据调研数据整理获得。

3.3　国际比较

3.3.1　比较方法

1. 全国单只鸡抗生素投入剂量的计算

预防性抗生素与治疗性抗生素投入剂量的计算。由于用药目标的差异，临床实践上将药物划分为预防性用药和治疗性用药（Beyene，2014；Krishnasamy et al.，2015；Joosten et al.，2019）。预防性抗生素是指在疫病出现前为防止疫病发生和促进生长而投喂的抗生素。值得注意的是，由于饲料添加剂主要作用在于改善鸡只健康，促进生长（Mann and Paulsen，1979），因此，本研究将饲料添加剂中的抗生素作为预防性抗生素。治疗性抗生素是指，在疫病出现后，为控制疫病蔓延而投入的药物。同一种药物既可以是预防性用药，也可以是治疗性用药。

全国单只鸡抗生素投入平均剂量的测算。全国单只鸡抗生素投入平均剂量为：

$$Q'_e = \sum \omega_i Q_{ei} \qquad (3-2)$$

式中，Q'_e 表示全国单只鸡抗生素投入平均剂量，ω_i 为三类公司的权重系数，Q_{ei} 为单只鸡抗生素投入量。根据三类养殖场饲养鸡只比重分别占70％、25％和5％，权重系数 ω_i 分别设为 0.7、0.25、0.05。据此计算全国单只鸡抗生素投入平均剂量。

表 3-36 抗生素投入平均剂量

变量	全国	一条龙公司	公司＋农户	农户
抗生素（毫克/只）	428.02	285.71	736.26	879.12
预防性抗生素（毫克/只）	139.56	98.90	230.77	252.75
治疗性抗生素（毫克/只）	288.46	186.81	505.49	626.37

数据来源：根据调研数据整理获得。

经测算，全国单只鸡抗生素投入平均剂量为 428.02 毫克，其中治疗性抗生素占抗生素总投入的 67.39％（表 3-36）。三类养殖场中，"一条龙公司"单只鸡抗生素投入剂量最低，农户养殖场抗生素的投入剂量最高。无论何种方式的养殖主体，治疗性抗生素投入是抗生素投入的主体，换句话说，抗生素主要用于治疗。具体来看，"一条龙公司"、"公司＋农户养殖场"、农户养殖场单只鸡抗生素投入剂量占其抗生素投入总剂量之比分别为65.38％、68.66％、71.25％，"一条龙公司"和"公司＋农户"养殖场具有较高水平的生物安全措施与动物福利水平，对于预防性抗生素的投入具有一定的替代作用，鸡场使用的抗生素特别是预防性抗生素较少。

2. TI 指数法

从目前的文献看，当前兽药使用分析中主要集中于治疗性抗生素的比较，为说明我国肉鸡产业抗生素投入与国际肉鸡养殖用药的差异，本小节仅将我国肉鸡产业抗生素的投入与其他国家肉鸡产业抗生素的投入进行比较。由于饲养天数、体重的差异，直接比较单只鸡的药物投入剂量，就会存在偏差，因此，本研究将采用 TI 指数，在计算不同国家单只鸡给药程度的指标后，比较给药差异程度。

$TI_{DDD_{vet}}$ 指数是用以说明抗生素投入覆盖危险期的指标。药物的投入与鸡只体重、饲养天数以及风险天数具有密切关系。TI 指数不仅能从时间上说明药物投入情况，还能揭示实际用药量与标准用药量比值情况，是目前测度抗生素给药程度最常用的方法（Carrique‑mas et al.，2019）。

$TI_{DDD_{vet}}$ 指数的构成。Carrique‑mas et al.（2019）采用 TI 指数法比较了欧洲九国治疗性抗生素投入剂量情况，说明抗生素在 9 个国家的使用程度。TI 指数可以表述为单只鸡实际治疗剂量与潜在治疗剂量的比值，该指数综合考虑了单只鸡生长天数、体重、实际治疗剂量、标准用药剂量 4 项指标对抗生素投入的影响，综合反映了抗生素的投入程度，TI 指数越大，说明抗生素投入程度越高。具体计算公式如下：

$$TI_{DDD_{an}} = \frac{Q_{an}}{DDD_{vet} \times no.\,days\,of\,risk \times kg\,of\,AAR} \times 100\% \quad (3-3)$$

式中，$TI_{DDD_{an}}$ 表示指单只鸡实际治疗剂量和标准治疗剂量的比值，分母是指单只鸡在生长周期内标准的治疗剂量，受生长天数、日增重的影响，不同生长天数和日增重，标准治疗剂量具有差异，简言之"鸡应该吃多少抗生素"。分子指的是生长期内实际治疗剂量，简言之"单只鸡实际喂了多少抗生素"，二者比值说明抗生素投喂的程度，TI 指数越大，说明抗生素投入程度越高。

2009 年欧洲药品管理局（European Medicines Agency，EMA）启动了兽用抗生素使用监控项目（the European Surveillance of Veterinary Antimicrobial Consumption，ESVAC），规定了肉鸡常用抗生素日标准投药剂量（the assumed average dose of a drug per day，DDD_{vet}），根据药品管理局的规定，肉鸡产业 16 种常用抗生素平均日标准剂量为 28.7mg/kg。$no.\,days\,of\,risk$ 表示风险天数，由于鸡只在生长期内随时可能感染疫病，风险天数也指饲养天数。欧洲药品管理局根据肉鸡生长性能，确定欧盟国家肉鸡平均风险天数为 50 天。$kg\,of\,AAR$，表示疫病风险中单只鸡平均日重量，AAR 英文全称为 animals at risk，表示处在风险期的动物，欧洲药品管理局测算认为肉鸡风险天数内平均日重量为 1 千克。

3.3.2　比较结果

1. 发达国家用药比较

与欧洲九国抗生素选用品种的比较。欧洲部分国家自 20 世纪 80 年代开始限制抗生素的使用（Macdonald，2011）。丹麦、法国等欧洲9国由于政策限制及饲养管理技术较为先进，较少使用亚治疗性抗生素（Adam，2019；Carrique‐Mas et al.，2019）。Carrique‐Mas et al.（2019）对比利时、保加利亚、丹麦、法国、德国、意大利、波兰、西班牙、荷兰9个国家181个肉鸡养殖场治疗性抗生素使用情况进行了研究，养殖场平均饲养天数49～56天。Carrique‐Mas et al.（2019）的研究结果说明，欧洲排名前5位的抗生素类别为四环素类、多肽类、磺胺类、β‐酰胺类、喹诺酮类（表3‐37）。而中国排名前5位的抗生素为氯霉素类、β‐内酰胺类、四环素类、大环内酯类、喹诺酮类。由于价格的影响，中国肉鸡养殖场对多肽类抗生素的选用较少。另外，由于受药残检测严格执行，严格限制磺胺类药物，我国肉鸡养殖场对磺胺类药物使用较少。欧洲由于规定粪肠球菌对氯霉素类药物耐药性的限制（Beyene and Tesega，1999），氯霉素类药物在欧洲肉鸡养殖场使用较少，取而代之的为多肽类药物。

表 3 - 37 181 个肉鸡养殖场抗生素选用基本情况

类别	比利时	保加利亚	丹麦	法国	德国	意大利	波兰	西班牙	荷兰
β‐酰胺类（%）	31	23	—	30	24	21	27	18	45
多肽类（%）	—	20	—	50	30	—	14	43	—
喹诺酮类（%）	15	7	—	6	36	12	31	19	31
四环素类（%）	16	21	72	—	—	19	15	7	—
磺胺类（%）	21	—	—	9	10	48	2	—	—
林可胺类（%）	14	28	28	—	—	—	1	—	23
大环内酯类（%）	1	—	—	6	—	—	1	7	—
氨基糖苷类（%）	—	—	—	—	—	—	5	6	—
截短侧耳素类（%）									

数据来源：根据 Carrique‐Mas 等人研究结果整理而得；"—"表示不选用该类抗生素。

与欧洲9国抗生素使用剂量的比较表明，我国抗生素使用的平均程度高于欧洲9国。根据 $TI_{DDD_{an}}$ 指数的计算，欧洲9国中，抗生素投入水平最高的国家为波兰，最少的为丹麦和荷兰（表3‐38）。总的来看，我国单只鸡抗生素投入剂量高于欧洲9国。从总量上与我国最为接近的是波兰，从治疗剂量上看，我国与比利时较为接近。同时，按 50 天的风险天数计算，$TI_{DDD_{an}}$ 指数说明，我国抗生素的投入剂量覆盖风险期的 33.26%，抗生素投入覆盖风险期的三分之一，这说明我国抗生素使用的平均程度高于欧洲其他国家。

表 3 - 38　欧美发达国家、中国治疗性抗生素使用剂量及 TI 指数

国家	总剂量	预防剂量	治疗剂量	$TI_{DDD_{an}}$
比利时（毫克/只）	15.93	—	15.93	11.1
保加利亚（毫克/只）	10.05	—	10.05	7
丹麦（毫克/只）	0		0	0
法国（毫克/只）	36.45	—	36.45	25.4
德国（毫克/只）	16.07	—	16.07	11.2
意大利（毫克/只）	0		0	0
波兰（毫克/只）	40.75	—	40.75	28.4
西班牙（毫克/只）	15.79	—	15.79	11
荷兰（毫克/只）	0		0	0
美国有抗养殖场（毫克/只）	540	460	70	37.63
美国无抗饲料养殖场（毫克/只）	70	—	70	6.27
越南（毫克/只）	470	394.8	75.2	32.75
中国（毫克/只）	428.02	139.56	288.46	33.26

数据来源：根据 Carrique - Mas 等人研究结果整理而得，"—"表示不使用该类抗生素。

美国肉鸡产业抗生素投入现状。抗生素作为饲料添加剂在美国肉鸡养殖业中开始发挥作用始于 20 世纪 50 年代。根据 Dibner（2005）的研究，美国预防性抗生素主要作为饲料添加剂使用，饲料中最常用的抗生素是黏杆菌素、维吉尼亚霉素、青霉素、阿维拉霉素、林可霉素。每吨鸡饲料中含抗生素约为 115 毫克，按照平均单只鸡需 4 千克饲料计算，美国单只肉鸡进食亚治疗性抗生素为 460 毫克。根据美国技术评估办公室（The Office of Technology Assessment，TOTA）的评估，美国肉鸡养殖业投入的抗生素中，86% 的抗生素作为饲料添加剂用于预防和促生长，而用于治疗的抗生素仅为 14%。如果按此标准，美国肉鸡养殖业中单只鸡抗生素用药剂量为 535 毫克，其中，治疗性抗生素为 75 毫克。

与美国抗生素投入剂量的比较。自 2006 年美国开始鼓励无抗养殖后，部分收购商在合同中限制、禁止某些抗生素的使用，相关管理部门也推出 HACCP 生产流程，以此限制亚治疗性抗生素使用。根据 FDA 的统计，2011 年全美 287 个抗生素产品中，用作饲料添加剂的产品仅有 66 个，美国无抗肉鸡养殖场也增加到 48%（Sneeringer，2015）。与美国有抗肉鸡养殖场相比，我国单只鸡抗生素投入水平略低于美国，与美国不同的是，我国单只鸡抗生素主要用于治疗上，而美国抗生素主要用于预防和促生长。另外，我国单只鸡治疗性抗生素投入要低于美国有抗养殖的肉鸡养殖场。$TI_{DDD_{vet}}$ 指数也说明，我国单只鸡抗生素的投药程度高于美国无抗养殖场而低于美国有抗养殖场。

2. 与发展中国家的比较

越南肉鸡养殖场抗生素使用的现状。越南是亚洲主要的鸡肉生产国和消费国之一，也是亚洲最早关注抗生素耐药性的国家之一。该国年饲养鸡只 15.42 亿只，其中家庭饲养鸡只数量占总量的 40.8%。Carrique - Mas et al.（2019）对越南湄公河三角洲地区 208 个肉鸡养殖场抗生素情况进行了调研（表 3 - 39），选取了 158 个抗生素组方并根据组方有效成分进一步测算了抗生素的含量。由于缺乏正规兽医，抗生素联合使用较为普遍。越南肉鸡养殖场四环素、多肽类、大环内酯类、β - 酰胺类、氨基糖苷类药物使用较为普遍，所不同的是，越南的肉鸡养殖场所使用的抗生素多为组方。

表 3 - 39　越南与中国抗生素的选择

类别	越南		中国	
	农场的数（个）	占比（%）	农场数量（个）	占比（%）
四环素类	52	25	216	64.67
多肽类	39	18.8	110	32.93
β-酰胺类	33	15.9	235	70.36
大环内酯类	40	19.2	171	51.2
喹诺酮类	19	9.1	189	56.59
氨基糖苷类	19	9.1	119	35.63

（续）

类别	越南		中国	
	农场的数（个）	占比（%）	农场数量（个）	占比（%）
氯霉素类	13	6.3	274	82.04
磺胺类	12	5.8	74	22.16
林可酰胺类	4	1.9	71	21.26
截短侧耳素类	1	0.5	99	29.64
肉鸡养殖场总数	208	—	334	—

数据来源：根据《Antimicrobial Usage in Chicken Production in the Mekong Delta of Vietnam》整理而得。

　　与越南单只鸡剂量的比较。根据 Carrique - Mas 等人的研究，越南平均单只鸡抗生素投入为 470 毫克，其中，预防性抗生素投入为 394.8 毫克，治疗性抗生素投入为 75.2 毫克（表 3 - 38）。总体上看，我国单只鸡抗生素的投入低于越南。从用药环节上看，越南抗生素主要用于预防与促生长。具体来看，我国"一条龙公司"养殖场单只鸡抗生素总用量高于越南的规模养殖场，而低于越南家庭饲养场（表 3 - 40），平均饲养天数来看，"一条龙公司"养殖场饲养周期明显长于越南规模养殖场。另外从 $TI_{DDD_{vet}}$ 指数说明，中国肉鸡养殖场抗生素投入程度低于越南。特别需要指出，由于各国研究年份上的差别，加之各国抗生素投入政策的变化，将中国单只鸡用药剂量与各国比较难免会产生偏差，因此，了解上述国家近期饲养情况，特别是抗生素投入情况是十分必要的，这将成为下一步研究工作之一。

表 3 - 40　越南与中国抗生素投入量的比较

肉鸡养殖场类型	越南		中国		
	规模饲养场	家庭饲养场	一条龙龙公司	公司+农户	农户
平均饲养天数（天）	47	90	71	66	79
平均用量（克/只）	0.17	0.54	0.29	0.74	0.88

数据来源：根据文章《Antimicrobial Usage in Chicken Production in the Mekong Delta of Vietnam》整理而得。

3.4 本章小结

本章通过对有效样本的分析，获得如下结论：

第一，我国肉鸡养殖业普通疾病暴发率高。调研发现，大肠杆菌病、支原体感染、沙门氏菌病和寄生虫感染是肉鸡养殖业主要疫病，过去 1 年发生上述疾病鸡场占比分别为 89.52％、75.45％、65.57％ 和 61.08％，抗生素是预防、治疗上述四种疾病最常用的药物。我国肉鸡养殖户投喂抗生素目的在于预防、治疗疫病，而非促生长。暴发上述四种疾病的黄羽肉鸡鸡场比例明显高于白羽肉鸡养殖比例，也即上述四种疾病在黄羽肉鸡养殖场更加普遍，具体为白羽肉鸡养殖场（户）占比分别为 87.85％、59.12％、74.03％、41.44％，而黄羽肉鸡养殖场（户）占比分别为 91.5％、73.2％、77.12％ 和 84.31％。

第二，烈性传染病时有发生，易给鸡场造成毁灭性后果。总体上看，传染性支气管炎、法氏囊、新城疫、传染性喉气管炎以及高致病性禽流感时有发生。5 年来暴发上述 5 种烈性传染病的调研场（户）占比分别为 24.85％、23.95％、23.35％、21.86％、12.57％，烈性传染病的风险仍然较大，应着力加强诸如 H5N1 和 H7N9 人畜共患传染病的防范。

第三，肉鸡养殖场普遍用药，选用品类繁多。调研鸡场使用的兽药涵盖了《中华人民共和国兽药典（2015 版）》所规定的六类兽药，即疫苗、抗生素、化学药物、中药、微生态制剂和营养保健品在调研肉鸡养殖场均有选用。新支二联冻干苗、新城疫冻干苗等预防新城疫疫苗是使用最广泛的疫苗；人工合成的氯霉素类抗生素氟苯尼考是使用最多的抗生素；专用抗球虫病药物地克珠利是使用最多的化学药物；中药使用较为广泛，黄芪多糖制剂是鸡场使用最多的中药制剂；微生态制剂中菌制剂占有一定的比例；维生素是营养保健品中选用最普遍的药物。

第四，从疗程看，预防性用药投药时长占总用药时长的 80％ 以上。六类药物用药总时长由多到少排序依次为：营养保健品、抗生素、中药、微生态制剂、疫苗和化学药物。预防方面，单只鸡用药疗程最长的是营养保健品；治疗方面，单只鸡用药疗程最长的是抗生素。

第五，从剂量看，新城疫类疫苗是用药剂量最多的疫苗（液体剂），营养保健品是所有药物中用药剂量最多的药物（固体剂）。阿莫西林是抗生素中单只鸡投入剂量最大的药物；地克珠利是单只鸡投入剂量最大的化学药物；双黄连制剂是投入剂量最大的中药制剂；微生态制剂是单只鸡投入剂量最大的菌制剂；维生素是投入剂量最大的中药制剂。疫苗、中药、微生态制剂、营养保健品四类药物主要用于预防，抗生素与化学药物主要用于治疗。

第六，从成本看，各类药物相比，单只鸡抗生素用药成本最高。疫苗是预防性用药中投入成本最多的药物，新城疫疫苗又是疫苗中投入成本最多的药物。不管预防还是治疗，养殖场（户）对抗生素均具有相当多的投入，人工合成氯霉素类药物氟苯尼考在抗生素中投入成本最高。养殖场户对化学类药物投入成本较少，相比较而言，在各类药物中占比最小，主要用于治疗。微生态制剂投入在药物总投入成本中占比较小，主要用于预防，以菌制剂为主。营养保健品投入占比也较小，仅次于化学药物，主要用于预防，以维生素为主。

第七，与欧洲 9 国、美国和越南相比，单从种类上看，我国肉鸡养殖业抗生素投入种类较多，涵盖《中华人民共和国兽药典（2015 版）》规定的 11 类抗生素，且用药成本较高。单从用药剂量上看，中国单只鸡治疗性抗生素投入高于欧美国家，预防性抗生素投入低于美国和越南。

第4章 兽药经济效果测量

前文的兽药使用现状分析说明，用药品种、用药天数、用药剂量、用药成本，兽药的使用都表现出"多"的特点，然而"兽药使用究竟是否过量"还需要对兽药使用效果做出全面评价。本研究从经济效果和技术效果两方面进行判断。本章首先通过测算药物投入的经济效果，对"兽药使用是否过量"作出初步回答和评价，采用的主要方法是损害控制模型，同时辅之以C-D生产函数作为比较。

4.1 经济效果测量方法

目前国内外判断兽药使用是否过量的方法主要有风险损失控制模型和随机前沿生产函数。借助上述方法，一些学者结合疫病环境特征，测量了不同流行程度及耐药性条件下评价药物投入是否合理（Chi and Junwook，2002），如部分学者测算了非洲布基纳法索和马里地区氨氮菲啶对锥虫病控制的边际收益，测算结果发现，在疾病低流行低耐药性、低流行高耐药性、高流行低耐药性以及高流行高耐药性四种情境下，每头牛每年氨氮菲啶的最优投入分别为 4.60、5.20、5.00、5.70 欧元，而该地区实际投入 2.60、3.30、3.20、4.00 欧元，研究者据此认定，养殖场氨氮菲啶的投入量不足（Affognon，2007）。

另外一些学者通过药物效率判断用药是否合理。持该思路的研究者采用随机前沿生产函数，通过匹配法测算药物的效率，由于截面数据无法在同一个体上分别测出使用某种药物和不使用某种药物的效率差别，研究者们通过倾向性得分匹配提取组成配对样本，以此比对用药与不用药生产效率的差别（Mahews，2001；Jensen et al.，2002；Jensen，2003）。借用此法，一些学者测算了使用抗生素与不使用亚治疗性抗生素生猪产业生产效率的差别，研究结果说明，美国生猪产业使用亚治疗性抗生素促使总产量提升 1‰～3‰，产出的标准差减少 1.4‰，即产出更加稳定，因此他们认为应该用药（Rodrigues et al.，2019；Algozin et al.，2001）。

目前从使用环节上对评价药物投入是否合理的研究较少，仅用描述性统计分析，结论也较为简单。如美国约有 50% 养殖场在没有疾病征兆的情况下使用亚治疗性抗生素用于预防疾病，有 80% 的养殖主体使用抗生素作为治疗性用药而非促生长剂提高鸡只生产性能（Algozin et al.，2001）。在越南和德国，抗生素主要作为治疗性用药而非预防性用药。我国由于大肠杆菌及沙门氏菌影响较为普遍，养殖场在雏鸡阶段投喂抗生素十分普遍，抗生素在中国既作为预防性用药，又作为治疗性用药（冯晶晶等，2014）。

已有研究学者以个别养殖场为研究对象，考察某一种药物投入对产出的影响，缺乏从产业视角探究兽药投入对产出影响的研究。为更加准确地测量我国肉鸡产业用药是否过量，本部分采用损害控制模型和 C-D 生产函数两种方法，测算药物的经济效果，说明我国肉鸡产业兽药投入是否过量。

4.1.1　C-D 生产函数

柯布—道格拉斯生产函数简称为 C-D 生产函数，相比于其他生产函数，柯布—道格拉斯生产函数显著的优势在于不仅能测量生产要素的产出弹性、经济增长、技术进步等，还能够测量生产要素的最优投入结果。在实际应用中，由于其简单易行，获得广泛的应用，早在 20 世纪 60 年代已有学者使用 C-D 生产函数测量总产出中劳动力的最优投入（Feldstein，1967）。C-D 生产函数还是其他生产函数的基础，因其良好的数学特性，在实证分析中许多学者根据实际情况将其改造，取得更加符合实际的估计结果。C-D 生产函数的形式如 4-1 所示。

$$Q = a\Big[\prod_{k=1}^{n} X_k^{\beta}\Big] \qquad (4-1)$$

式中，Q 为肉鸡养殖场总投入，a 为综合技术水平，X_k^{β} 为肉鸡产业生产要素投入向量。

4.1.2　损害控制模型

根据经济学原理，产出除了受固定要素、可变要素的影响外，还受风险的影响。因此，产出可表示为固定要素、可变要素及风险的函数，即为 $Q(R、K、D)$，其中 R 为固定要素，K 为可变要素，D 为风险，如公式（4-2）所示，该类形式的生产函数被称为损害控制生产函数，损害控制生产函数最早应用于谷物生产中杀虫剂产出弹性的测算。在畜牧业中，产出主要受疫病风险的影响，因此，D 可以表示为疫病风险。假设畜禽养殖场的实际产量为 $Q(R,K,D)$，潜在产量为 Q_0，其中，R 为可变要素的投入，K 为固定要素投入，D 为疫病风险。药物作为特殊的生产要素，控制疫病风险是药物的主要作用，因此假定药物投入 Z 以 $D(Z)$ 的形式影响疫病风险，定义疫病风险 $G(Z)=1-F[D(Z)]$ 形式影响产出，损害控制生产函数 Q 可表示为：

$$Q = Q(R,K,D) = Q_0[G(Z)]$$
$$= Q_0\{1-F[D(Z)]\} \qquad (4-2)$$

由（4-2）式可知，定义 $G(Z)=1-F[D(Z)]$ 为不失一般性的消减函数，$G(Z)$ 取值范围为 $[0,1]$，当 $Z=0$ 时，实际产量即为 Q_{min}，$G(Z)$ 为 1 时，实际产量为潜在产量 Q_{max}（图 4-1）。主要有四种形式（Shankar and Thirtle，2005；Ajayi，2000）。

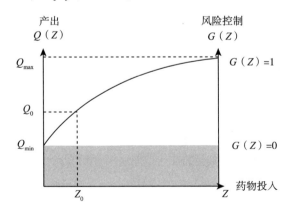

图 4-1　疾病控制对产出的影响

损害控制生产函数损害控制部分主要有四种形式，即 Exponential 分布形式、Weibull 分布形式、Pareto 分布形式、Logistic 分布形式，具体选择哪种形式并不存在固定的理由，不同的函数设定形式估计出的参数不同（Ajayi，2000）。在（4-3）、（4-4）（4-5）（4-6）四种形式的损害控制部分中，ϕ、Z_{min}、λ 为参数。

$$G(Z) = 1 - \exp(-\phi Z) \qquad (4-3)$$

$$G(Z) = 1 - \exp(-\alpha Z^\phi) \qquad (4-4)$$

$$G(Z) = 1 - \left(\frac{Z}{Z_{min}}\right)^{-K} \qquad (4-5)$$

$$G(Z) = \frac{1}{1 + e^{-z}} \qquad (4-6)$$

4.1.3 肉鸡产业损害控制模型

根据肉鸡产业生产实践及相关理论，肉鸡产业损害控制模型设计如式（4-7）所示，Q 为肉鸡养殖场总投入，a 为综合技术水平，X_k 为肉鸡产业生产要素投入向量，具体包括鸡苗投入、饲料投入、劳动力投入、设备折旧、能源投入及其他投入，因此，可以将风险损害控制模型设为式（4-7）的形式，各类生产要素的投入 $G(Z_i)^\tau$ 是损害控制部分，Z_i 是药物投入向量，为简化分析，可以取 $\tau = 1$，方程取对数形式，如式（4-8）所示。

$$Q = a\left[\prod_{k=1}^{n} X_k^\beta\right] \cdot G(Z_i)^\tau \qquad (4-7)$$

$$\ln Q = \beta_0 + \sum \beta_k \ln(X_k) + G(Z_i) \qquad (4-8)$$

兽药经济效果的测算。根据 C-D 生产函数及风险损害模型计算药物的边际收益，进一步根据药物的边际收益判断药物是否存在经济过量的情况。根据生产要素分配理论，在其他投入水平恒定的情况下，某种要素最优投入是否过量，应根据其边际收益是否为 1 判断。兽药的最佳投入量判断条件为：$MRP_z = \dfrac{\partial Q}{\partial z} = 1$，如果 $MRP_z = \dfrac{\partial Q}{\partial z} > 1$，说明投入 1 单位兽药，总收益增加量超过 1，说明兽药投入不足，如果

$MRP_z = \dfrac{\partial Q}{\partial z} < 1$ 说明兽药投入过量，根据式（4-8）边际收益计算公式如下：

$$\frac{\partial Q}{\partial z_m} = \frac{Q \times \alpha_m \prod 1 + \exp(\lambda - \alpha_i Z_i) \times \exp(-\alpha_m Z_m)}{[1 + \exp(\lambda - \alpha_i Z_i)]^2}$$

$$(4-9)$$

4.1.4 变量说明

本研究根据成本收益相关理论，选用以下变量对肉鸡产业投入产出情况进行描述性统计分析和推断性统计分析。

产出（Q），该变量采用毛鸡销售收入，即毛鸡出栏体重与毛鸡价格的乘积，单位为元/百只。对于副产品如鸡粪、垫料废渣等，大部分养殖场缺少专门的制成品设备，没有实现直接市场价值，在此不予计入。

鸡苗投入（X_1），即鸡苗购买成本，单位为元/百只。

饲料投入（X_2），单位为元/百只，饲料质量直接影响肉鸡生产性能。

厂房设备投入（X_3），设备折旧包括厂房、鸡舍、通风控温设备、水线料线、粪污处理设备。作为固定资产投入，设备折旧水平对产出具有重要的影响。生产设备按 10 年使用期限计算折旧，单位为元/百只。

劳动力投入（X_4），劳动力投入作为重要的生产要素之一，与肉鸡养殖场的生产效率有密切的关系。该研究将每百只鸡平摊的劳动力人数作为劳动力投入变量，单位为人/百只。

能源投入（X_5），能源投入包括电、煤等燃料的投入，单位为元/百只，该部分投入主要在于控制鸡只生长环境，由于环境变化对鸡只生长有着重要的影响，因此将这部分投入纳入到模型中。

其他投入（X_6），其他投入包括抓鸡费用、防疫人工费用、垫料投入、消毒投入等，该项投入对改善生物安全措施，提高动物福利有着积极的影响，良好的生物安全措施能减少疫病的发生，提高产出水平，单位为元/百只。

预防性用药和治疗性用药（Z），单位为元/百只，为考察不同环节的用药情况，本研究将药物划分为预防性用药与治疗性用药，鉴于二者用药剂量和用药品类、发挥作用和施药条件不同，对其做了明确的划分。从数据搜集可能性上看，我国肉鸡生产企业大都建立了稳定的疫病防控流程，分类搜集数据已不是问题。

4.2　变量描述性统计分析

本研究从投入产出两方面描述我国肉鸡产业的经济效果。

产出方面，每百只鸡平均产出为 3 806.5 元，每百只鸡最低产出为 1 679.6 元，最高产出为 13 356 元，由于调研年份为肉鸡市场旺年，较之于其他年份，肉鸡收益较高。这也反映了调研期间肉鸡市场行情异常"辉煌"。

投入方面，如表 4-1 所示，从经济量视角看，各项投入中，厂房设备以存量形式影响产出，平均每百只鸡投入为 5 079.75 元，在各项投入中最高。饲料投入位居各项投入的第二位，平均每百只鸡饲料投入为 1 643.56 元。鸡苗投入位居各项投入的第三位，平均每百只鸡苗投入为 508.45 元。预防性药物投入在各项投入中位居第四位，平均每百只鸡为 82.51 元，平均每百只最少投入为 4.7 元，最大投入为 270.5 元。治疗性药物投入位居各项投入的第五位，平均每百只最少投入为 3 元，最大投入为 230 元。总的来说，药物投入在各项投入中排名第四位，较为靠前，我国肉鸡产业药物投入量较大，药物投入在肉鸡产业生产中占重要位置。排名较为靠后的为能源投入和其他投入，平均每百只鸡能源投入为 51.23 元，平均每百只鸡其他投入为 51.14 元，二者相差较小。此外，每百只鸡劳动力投入为 0.002 人，意味着每产出 1 万只鸡，仅需要 2 人。

表 4-1　产出—投入描述性统计分析

类别		均值	标准差	最小值	最大值
产出	产值（元/百只）	3 806.50	1 719.40	1 679.6	13 356
投入	鸡苗投入（元/百只）	508.45	242.54	120	1 050
	饲料投入（元/百只）	1 643.56	499.76	566.28	3 617.25
	厂房设备投入（元/百只）	5 079.75	6 858.08	40.196 6	52 211.4
	劳动力投入（人/百只）	0.002	0.003	0.000 6	0.02
	能源投入（元/百只）	51.23	31.23	1	260
	其他投入（元/百只）	51.14	31.33	1	260
	预防性药物投入（元/百只）	82.51	35.70	4.7	270.5
	治疗性药物投入（元/百只）	56.51	36.15	3	230

数据来源：根据调研数据整理获得。

4.3　方程内生性检验

计量经济学相关理论表明，由于样本选择偏差、变量测量误差、遗失变量等风险的存在，回归方程中的变量与随机干扰项之间可能存在相关性，进而导致参数估计不一致，即内生性问题。以往有关药物的生产函数中均对药物的内生性进行讨论（McBride et al.，2008）。药物投入受疫病的影响，同时疫病影响机体的产出，因此产生了遗漏变量的内生性问题。本研究将采用以下思路处理内生性问题：一是寻找工具变量，合适的工具变量一般需要满足三个条件：①工具变量与内生变量高度相关；②工具变量在生产函数方程中符合外生性的要求，与扰动项无关；③工具变量的个数要不少于内生变量的个数。基于此，首先通过相关性分析，寻找与药物投入高度相关的工具变量，其次需要对工具变量做过度识别检验，以确定工具变量与扰动项不相关，即所有工具变量均为外生变量。最后通过Cragg-Donald Wald F 检验，剔除可能的弱工具变量。二是在已经确定合适的工具变量的基础上，对药物投入的内生性进行检验，进一步明确药物投入是否为内生变量；三是通过两阶段最小二乘回归，获得有关兽药投入的生产函数。通过两阶段最小二乘回归，得到兽药投入的预测值，然后将其代替真实的兽药投入变量，代入 C-D 生产函数和损害控制模型中计算药物的边际收益。工具变量的描述性分析和相关性分析表 4-2 和表 4-3。

表 4-2　工具变量描述性分析

类别	总体		白羽		黄羽	
	均值	方差	均值	方差	均值	方差
预防性用药价格	300.49	5.46	297.78	4.28	303.7	4.95
治疗性用药价格	319.38	5.91	316.04	3.86	323.33	5.48
普通疾病	2.34	1.11	2.32	1.10	2.35	1.13
烈性传染病	3.46	1.53	3.24	1.38	3.71	1.66
环保检测次数	5.50	5.19	4.96	3.67	6.14	6.50
距村庄的距离	4.46	4.07	5.11	4.34	3.68	3.59
地形	0.43	0.50	0.44	0.50	0.42	0.49

数据来源：根据 Stata 计算整理获得。

表 4-3　变量的相关性分析

类别	预防性用药	治疗性用药	药物总价格	预防性用药价格	治疗性用药价格	普通疾病	烈性传染病	环保检测次数	距村庄距离	地形
预防性用药	1									
治疗性用药	0.88	1								
药物总价格	0.39	0.39	1							
预防性用药价格	0.38	0.35	0.98	1						
治疗性用药价格	0.4	0.38	1	0.98	1					
普通疾病	0.14	0.05	0.11	0.1	0.11	1				
烈性传染病	0.13	0.14	0.13	0.15	0.14	0.1	1			
环保检测次数	0.11	0.03	0.1	0.12	0.11	0.4	0.06	1		
距村庄距离	0.05	0.14	0.02	0.03	0.01	0.19	0.45	0.14	1	
地形	0.11	0.19	0.03	0.04	0.03	0.2	0.33	0.22	0.25	1

数据来源：根据 Stata 计算整理获得，药物投入取自然对数。

预防性用药投入和治疗性用药投入的检验。对预防性用药投入进行检验，过度识别检验显示，χ^2（5）统计量的值为 44.93，其 P 值小于 0.01，因此强烈拒绝"所有工具变量均为外生变量"。同时 2SLS 回归第一阶段结果显示，预防性用药价格不显著（$P=0.58$），环保、病种 2、距离三个工具变量虽然显著，但系数均小于 0.1，因此剔除这四个工具变量，仅保留病种 1 和地形 2 两个工具变量。此时，过度识别检验显示，$\chi^2(2)$ 值为 4.5，P 值为 0.11，认为保留的两个工具变量为外生变量（表 4-4）。Shear's partial R^2 的值为 0.37，F 值域为 48，大于 10，且 F 统计量的 P 值小于 0.01。这说明，工具变量与内生变量高度相关。杜宾统计量检验值为 0.79，且 P 值为 0.37，因此拒绝"所有解释变量均为外生变量"。由于豪斯曼检验与杜宾检验值基本一致，同时拒绝预防性用药投入为内生变量（表 4-5）。

表 4-4　工具变量外生性检验及弱工具变量检验

工具变量外生性检验	弱工具变量检验			
Test of overidentifying restrictions [$\chi^2(2)$]	Minimum eigenvalue statistic	2SLS Size of nominal Wald tes (15%)	Shear's Partial R^2	$F(3, 324)$
4.5（$P=0.11$）	48.05	12.83	0.37	48

数据来源：根据 Stata 计算整理获得。

表 4-5　内生性检验结果

统计量	Durbin（score）chi2（1）	Wu-Hausman	Endogeneity test of endogenous regressors
统计量值	0.79	0.76	0.13
P	0.37	0.38	0.71

数据来源：根据 Stata 计算整理获得。

治疗性用药方面，$\chi^2(4)$ 值为 42.1，P 值小于 0.01，过度识别检验拒绝"所有工具变量均为外生变量"，同时 2SLS 回归第一阶段结果显示，环保检测 P 值为 0.2，对治疗性用药投入不显著，治疗性用药价格、病种 2、距村庄距离三个变量系数小于 0.1，因此，剔除上述 4 个变量，保留病种 2、地形两个变量作为治疗性用药的工具变量，进一步考察两个工具变量的强弱。检测结果显示，过度识别检验 $\chi^2(2)$ 值为 3.25，P 值为

0.19，这说明接受"所有工具变量均为外生变量"。弱工具变量的检验进一步显示，Shear's partial R^2 的值为 0.48，同时 F 值域为 71，大于 10，且 F 统计量的 P 值小于 0.01。这说明工具变量与内生变量高度相关，同时，最小特征值统计量为 77.69，大于 15% 的沃尔德检验的临界值 12.83，有理由认为不存在弱工具变量（表 4 - 6）。由于杜宾统计量检验值为 0.91，且 P 值为 0.37，不显著，并且豪斯曼检验与杜宾检验值基本一致，因此接收"所有解释变量均为外生变量"。同时，拒绝治疗性用药投入变量为内生统计变量。怀特检验的 P 值为 0，强烈拒绝同方差（表 4 - 7）。

表 4 - 6 工具变量外生性检验及弱工具变量检验

工具变量外生性检验			弱工具变量检验	
Test of overidentifying restrictions $[\chi^2 (2)]$	Minimum eigenvalue statistic	2SLS Size of nominal Wald tes (15%)	Shear's Partial R^2	F (3, 324)
3.25（$p=0.19$）	77.69	12.83	0.48	71

数据来源：根据 Stata 计算结果整理。

表 4 - 7 内生性检验结果

统计量	Durbin (score) chi2 (1)	Wu - Hausman	Endogeneity test of endogenous regressors
统计量值	0.91	0.88	1.05
P	0.37	0.35	0.31

数据来源：根据 Stata 计算结果整理。

4.4 损害控制模型的估计及结果分析

生产函数基本项为投入、综合技术水平、劳动力数、资本（蔡正平和樊豪，2012）。其中，资本以存量的形式影响产出，一般指固定资产净值。本研究选择每百只鸡产出、劳动力投入、饲料、资本、预防性药物、治疗性药物及其他项作为生产函数投入产出项，估计损害控制模型和 C - D 生产函数（Ajayi，2000；Affognon，2007）。本研究采用最大似然估计测算两类生产函数。由于 Exponential 分布、Logisitc 分布、Pareto 分布均不收敛，在此仅报告 C-D 生产函数及 Weibull 形式的损害控制生产函数的估计结果，结果如表4-8。

表4-8　C-D生产函数与Weibull分布损害控制模型的回归结果

变量	C-D生产函数			Weibull 形式损害控制模型		
	系数	标准差	$P>t$	系数	标准差	$P>t$
鸡苗投入（元/百只）	0.086 9	0.031 68	0.006	0.084 7	0.028 45	0.004
饲料投入（元/百只）	0.850 2	0.051 4	0.000	0.855 3	0.058 6	0.000
厂房设备投入（元/百只）	−0.015 3	0.011 5	0.186	−0.014 7	0.011 9	0.177
劳动力投入（人/百只）	0.015 7	0.019 9	0.432	0.013 4	0.020 7	0.673
能源投入（元/百只）	0.045 3	0.079 1	0.567	0.037 9	0.028 1	0.475
其他投入（元/百只）	−0.078 5	0.076	0.303	−0.071	0.014 84	0.757
预防性药物投入（元/百只）	0.046 2	0.032 25	0.153	0.051 0	0.031 2	0.081
治疗性药物投入（元/百只）	0.065 8	0.020 9	0.002	0.1	0.076 35	0.126
常数项	1.268 9	0.487 1	0.01	1.694 1	0.563 0	0.00
R^2		0.54			0.54	
ROOTMSE		0.26			0.26	

数据来源：根据 Stata 计算整理获得。

　　如表4-8所示，Weibull 形式的损害控制模型与 C-D 生产函数回归的 R^2 均为 0.54，对于截面数据来说，属于可接受范围。两种函数形式回归结果均说明每百只鸡饲料投入对产出的影响均显著为正，也就是说，增加饲料投入产出效率仍有提升的空间。这与 Affognon et al.（2007）的研究结论相同。Weibull 形式的损害控制模型回归结果同样显示，两类药物对产出的影响为正，显著性分别为 8.1% 和 12.6%，治疗性药物投入显著性略大于 10%，属于可接受的范围。这表明，不管增加预防性药物还是增加治疗性药物，均会带来产出的增加，这与 Affognon（2007）、王建华等（2018）的研究结果相同。

　　为进一步厘清药物投入对产出影响，将根据 Weibull 形式的损害控制模型与 C-D 生产函数回归结果计算两类药物的边际收益，具体见

表 4-9。

表 4-9 不同生产函数下药物投入边际产值

药物边际产值的计算结果	C-D 生产函数	Weibull 形式损害控制函数
预防性药物投入边际产值（元/百只）	2.131 1	2.352 8
治疗性药物投入边际产值（元/百只）	4.432 3	2.867 3

数据来源：根据 Stata 计算整理获得。

Weibull 形式损害控制模型计算结果说明，每百只鸡追加 1 元的预防性药物投入，每百只鸡将增加 2.352 8 元，每追加 1 元治疗性用药投入，收益将增加 2.867 3 元，也就是说，不管是预防用药，还是治疗用药，每追加 1 元药物投入，总收益增加值均大于 1，经济意义再次表明，兽药投入不过量。C-D 生产函数计算的边际收益说明，每百只鸡追加 1 元预防性用药投入，每百只鸡收益将增加 2.131 1 元，每追加 1 元治疗性药物投入，每百只鸡收益将增加 4.432 2 元，再次说明，无论增加预防用药还是增加治疗用药，鸡场均有利可图。单纯从经济意义上说，药物投入并不过量。

Weibull 损害控制模型与 C-D 生产函数计算结果差别在于：Weibull 形式的损害控制模型计算出的治疗性药物的边际产值略低于 C-D 生产函数计算出的结果，这与 Backcock（1992）、Lichtenberg（1986）的研究结果一致。Lichtenberg 指出，利用 C-D 生产函数对农药生产效率进行估计时，农药的边际生产率估计将会偏高。原因在于 C-D 生产函数将药物视为一般生产要素，承认了部分药物不仅能减少疾病损失而且有促生长的作用，从而高估药物的边际收益。Weibull 形式的损害控制模型考虑了药物促生长和减少疫病损失两大作用，将预防性药物视为一般性生产要素，将治疗性药物视为特殊的生产药物，内置损害控制部分，函数设定更加符合肉鸡养殖实际，所计算出的药物边际收益更加可信。

从生产实践看，2019—2020 年是肉鸡生产的旺年，鸡肉价格一路走高，是近十年来肉鸡养殖最利好的一年，白羽肉鸡单只鸡平均利润高达 6.2 元/只。同时，由于相关部门实施兽药市场飞行检查、开展兽药追溯和现场专项监督检查活动，药物市场获得全面的整顿，药物质量大幅度提升，再加上不管预防性用药还是治疗性用药，上述药物均具有一定的促生长作用，特别是其中的营养保健品、微生态制剂等在改善肉鸡生产性能方面作用显著，使用兽药有利可图，养殖主体使用兽药的积极性较高。

从养殖主体对用药是否过量的自我评价看，95.21%的养殖主体认为自己的养殖场用药不过量，89.22%的养殖场认为肉鸡行业不存在用药过量的情况。鉴于饲养业的疫病风险，约有11%的养殖主体表达了他们的担忧：在当前减药的政策压力下，如果减少兽药使用，特别是抗生素，疫病或将无法有效控制。损害控制模型的计算结果从经济视角解释了在高流行病水平以及高耐药性的环境下养殖主体热衷用药的原因。

4.5　讨论

药物使用是个复杂的过程。药物投入使用受到经营模式、药物价格、疫病、生产者认识水平等诸多因素的影响，仅仅用损害控制模型使得问题的分析过于简单，而使用上述模型能够对经济效果进行评价。

从产出看，正如 Affogonna et al.（2007）所指出的那样，产出部分除了畜禽的销售收入，还包括粪肥等附产品收入。由于统计上的难度，本部分没有将粪肥等副产品收入计入产出中。实际上，本研究所调研的鸡场里约有10%的鸡场将鸡粪发酵成有机肥出售。没有计入副产品的收入是本研究的不足。

由于部分药物是复方制剂，即使同名药物，主体成分含量也不相同。本研究采用药物的经济指标作为药物的替代指标。药物投入成本与实际药物投入量之间误差难以避免。再者，由于本研究使用截面数据测算生产函数，可能造成计算结果的扭曲。如果要获得更为准确的结果，还应根据地区、购药方式、经营模式等分类以获得更为准确的结果。另外，从科学用药的视角看，药物效果并不仅仅是受到投入成本的影响，还受使用疗程的影响。用药疗程的差异直接影响药物的效果，将用药疗程纳入到生产函数中，或将是后续研究的目标。

4.6　本章小结

通过对样本相关数据进行描述性统计分析以及采用损害控制模型获得如下结论：

第一，每百只鸡平均产出为 3 806.5 元，每百只鸡最低产出为 1 679.6 元，最高产出为 13 356 元，由于调研年份为肉鸡市场旺年，较之于其他年份，肉鸡收益较高。

第二，各项投入中，厂房设备投入最高，平均每百只鸡投入为 5 079.75 元。饲料投入位居各项投入的第二位，平均每百只鸡饲料投入为 1 643.56 元。鸡苗投入位居各项投入的第三位，平均每百只鸡苗投入为 508.45 元。

第三，每百只鸡的药物投入仅次于鸡苗投入，在各项投入中排名第四位。预防性药物投入平均每百只鸡为 82.51 元，平均每百只鸡最少投入为 4.7 元，最大投入为 270.5 元。治疗性药物投入平均每百只鸡为 56.51 元，最少投入为 3 元，最大投入为 230 元，药物在肉鸡产业生产中占重要位置。

第四，Weibull 形式损害控制模型计算结果说明，每百只鸡追加 1 元的预防性用药投入，收益将增加 2.352 8 元，每追加 1 元治疗性药物投入，收益将增加 2.867 3 元，不管是预防用药，还是治疗用药，每百只鸡每追加 1 元药物投入，收益增加值均大于 1，从经济意义上说，两种药物投入不过量。Weibull 分布考虑了治疗性药物抑制疾病风险的特殊作用，较之于 C－D 生产函数，其计算出的药物边际收益更加科学可信。

第5章 兽药技术效果测量

第四章测量了药物对总收益的影响，经济效果测量说明，我国肉鸡产业兽药使用不过量。本章从肉鸡生长性能出发，深入讨论药物投入对日增重、料肉比、死亡率等技术指标的边际影响，进一步说明药物投入是否过量。此外，本章结合养殖主体对药物的预期评价，从实践角度说明药物投入是否过量，以说明兽药减量的可能性。

5.1 相关理论

1. 药物作为生产要素的作用

兽药作为特殊的生产要素，归结起来说，兽药有两大作用：一是化解疫病风险，主要表现为兽药能预防疾病和治疗疾病，减少疫病损失，恢复机体生长，使得畜牧业产业化成为可能（Finlay，2005；Salois，2016）。例如，自加拿大政府推行大肠杆菌疫苗以来，加拿大牛场牛群感染大肠杆菌感染率降低 21%（Ochieng，2017）。除了化解疫病风险，部分兽药用于农场动物可促进生长。部分药物因其显著提高饲料转化效率，因而被广泛使用以提高生产效率（Finlay，2005；Key and McBride，2014）。例如，促生长性抗生素的使用提高了美国生猪的生产率，促使全美生猪产量提高 1%～3%（Macdonald，2005）。Jacobsen et al.（2006）通过一般均衡模型预测认为，在降低农用土地租金情况下，减少亚治疗性抗生素的使用，丹麦的鸡肉产量和出口量均会有所增加。Sneeringer et al.（2015）采用局部均衡模型与蒙特卡罗法预测结果说明，禁止亚治疗性抗生素的使用使美国生猪产能提高 2%～3%。受替代作用的影响，减抗政策对产能的实际影响与预测结果却有很大不同。Gensen（2003）研究发现，丹麦从

1986年到1992年的7年间，虽然生产每千克猪肉的抗生素从48.9毫克下降到81.2毫克，但总体生产率并没有降低，主要原因在于动物健康管理水平和农场卫生条件的提高。与Gensen et al.（2003）的研究相似，Lartey et al.（2006）测算丹麦全要素生产率发现，由于替代效应所起的弥补作用，断奶和屠宰阶段禁止亚治疗性抗生素对丹麦生猪产业全要素生产率没有影响。Macbride et al.（2006）更加具体地测算了不同阶段禁用抗生素对美国生猪生产的影响，结果说明亚治疗性抗生素在生猪育肥阶段对产出的影响不显著而在保育阶段是显著的。

2. 药物促生长机理

早在1946年有学者研究发现抗生素可以促进肉鸡生长，紧接着1950年研究发现抗生素可以促进生猪的生长，自此，抗生素不仅作为预防疾病使用，也作为促生长剂广泛应用于畜牧业（Rumberger et al.，1997）。目前对兽药提高畜禽生长性能的研究较多。有关药物促生长的机理可以归结为以下几方面原因：一是抑制动物体内菌群，减少饲料营养消耗（Emborge，2002；郭福有等，2007）。二是影响动物内分泌，提高内源激素水平（姚浪群，2003），例如在仔猪日粮中添加90毫克/千克的安普霉素可使仔猪日增重提高19.1%～24.6%，饲料转化率提高7.7%～8%。作者研究发现，抗生素促生长剂能提高内分泌活性，提高内源激素（生长激素、胰岛素和甲状腺素T3）的水平，从而促进肌肉蛋白质的沉积。安普霉素会刺激分布在肠黏膜上皮细胞间的弥散神经内分泌细胞而发挥其内分泌调节作用，部分植物添加剂可改善机体的组织结构（吴维辉，1997），在鸡饲料中添加5%的植物提取物，可提高21日鸡龄的血清含量T-DOD，改善鸡群的代谢功能。

3. 药物降低死亡率机理

药物减少死亡的机理可以归结为两方面：一是兽药投入可以增强机体的免疫力，降低疾病发生率，减少死亡。二是药物本身对致病因子具有抑制作用，减少和控制疫病的发生和恶化（Popelka et al.，2005；Stärk et al，2006；Wu et al.，2008）。后者重在从临床医学的视角探讨药物对致病因子的影响机理。例如，广谱抗菌药青霉素杀菌的作用机理在于含有青霉烷，能破坏细菌的细胞壁，并在细菌细胞的繁殖期杀灭细菌。而专用兽药氟苯尼考对多种革兰氏阳性菌和革兰氏阴性菌及支原体等均有作用。其抗菌机理主要是通过 50S 核糖体亚基结合，抑制蛋白质合成所需的关键酶——肽酰转移酶，从而特异性地阻止氨酰 tRNA 与核糖体上的受体结合，抑制肽链的延长使菌体蛋白不能合成（Varma et al.，2010；Juang et al.，2019；高婷等，2013）。

5.2 模型构建与变量说明

5.2.1 模型构建

兽药促生长和降低死亡率的关系说明药物对肉鸡生长性能具有显著正向作用。在适宜用药情况下，药物对日增重、料肉比产生积极的作用，并且会减少死亡率，但当药物投入过量时，对鸡群减抗将会产生明显的损害，具体可能为日增重大幅度降低，料肉比升高，而死亡率升高（Lee et al.，2003；Key and McBride，2014）。同时，肉鸡的生产性能也会受养殖特征的影响，影响肉鸡生产性能的特征包括品种、规模和饲养天数。通常而言，规模越大的肉鸡养殖场，预示着管理水平越好，鸡群的生长状况也就越好（Mathews，2001；Mcbride and Mathews，2004；Mcbride and Mathews，2004；Mcbride and Mathews，2007）。基于兽药促生长和降低死亡率的机理构建方程组如下：

$$\begin{cases} ADG = \alpha_0 + \sum_{k1=1}^{n1} \alpha_\tau X_{k1} + \sum_{i1=1}^{m1} \alpha_i D_{i1} + \varepsilon_{i1} \\ FCR = \beta_0 + \sum_{k2=1}^{n2} \beta_\tau X_{k2} + \sum_{i2=1}^{m2} \beta_i D_{i2} + \varepsilon_{i2} \\ \ln MR = \gamma_0 + \sum_{k3=1}^{n3} \gamma_\tau X_{k3} + \sum_{i3=1}^{m3} \gamma_i D_{i3} + \varepsilon_{i3} \end{cases} \quad (5-1)$$

式中，ADG 为日增重；FCR 为料肉比；$\ln MR$ 为死亡率的对数；$X_1,\cdots,X_k$ 为连续变量，具体包括：药物总投入、预防性用药、治疗性用药、饲养天数、饲养规模、饲料价格、鸡位成本（单只鸡所占空间的投入成本）、饲养密度、肉鸡养殖场密度、病死鸡处理、污水沉淀池。$D_1,\cdots,$

D_i 为虚拟变量，具体包括：饮用水是否为深井水、病死鸡是否进行无害化处理、是否建立专门的污水沉淀池。通过构建方程揭示药物投入与鸡群生产性能的关系时，考虑某些不可观察因素对日增重、料肉比和死亡率同时产生影响，三个方程的扰动项存在相关性，此时，采用似不相关回归方法比单方程回归有更高的效率。因此，本研究采用似乎不相关回归（SUR）估计上述方程组。

5.2.2　变量说明

1. 药物投入

正如前文所述，本研究从用药环节上将药物分为预防性用药和治疗性用药，预防性用药和治疗性用药之和即为药物总投入（表 5 - 1）。具体来看，预防性用药投入发生在疾病发生之前。该类药物投入的主要作用在于：一是促生长，如亚治疗性抗生素；二是预防疫病发生，如疫苗等。与之相对，治疗性用药是在疾病发生之后，其目的在于控制疾病恶化，减轻疾病带来的损失。本章将根据药物作用的差异，将药物总投入、预防性用药和治疗性用药作为自变量，探讨其对肉鸡生长性能技术指标的影响。

2. 生长性能

生长性能技术指标有日增重（AGD）、料肉比（FCR）和死亡率（MR）。日增重是出栏体重和饲养天数的比值，从时间上反映了鸡只生长性能，显然，日增重越大，生长性能越好（表 5 - 1）。料肉比是出栏体重与生长期摄入饲料量的比值。该指标从饲料投入上反映了鸡只生长性能，该指标越小，说明饲料转化成鸡肉的效率越高，肉鸡的生长性能越好。死亡率指标的计算方法为死亡鸡只与肉鸡养殖场鸡只总量的比值，该指标反映了肉鸡养殖场对死亡风险的控制，显然，死亡率越低，肉鸡养殖场的死亡风险控制能力越强，同时也说明鸡的生长性能越好。为计算方便，本研究将对死亡率取自然对数，表示为 $\ln MR$。鉴于鸡只生长性能不同阶段的差异，本研究将死亡率划分为雏鸡死亡率（$MR1$）、中鸡死亡率（$MR2$）和成鸡死亡率（$MR3$），雏鸡是指生长日龄在于 0～14 天的鸡只；由于品种的差异，白羽肉鸡与黄羽肉鸡中鸡日龄并不相同，白羽肉鸡中鸡日龄为

14～35 天，黄羽肉鸡中鸡日龄为 14～56 天；同理，白羽肉鸡成鸡日龄为 35 天以后，黄羽肉鸡成鸡日龄为 56 天以后（郑麦青，2016）。

3. 养殖特征

养殖特征也是影响鸡群生长性能的重要指标，鸡场的养殖特征包括饲养规模、饲料价格、鸡位成本、饲养密度、肉鸡养殖场密度、病死鸡处理、污水沉淀池（表 5-1）。

表 5-1　变量选择及说明

类别	变量名称	变量说明
生长性能	日增重（ADG）	连续变量，单位为克，出栏体重与饲养天数的比值
	料肉比（FCR）	连续变量，出栏体重与饲料投入重量的比值
	死亡率（MR）	连续变量，年死亡鸡只与年饲养总量的比值，取对数
药物投入	药物总投入（X_1）	连续变量，单位为元，药物投入剂量的价值量
	预防用药投入（X_2）	连续变量，单位为元，药物投入剂量的价值量
	治疗用药投入（X_3）	连续变量，单位为元，药物投入剂量的价值量
养殖特征	饲养天数（X_4）	连续变量，单位为天
	饲养规模（X_5）	连续变量，单位为只/批
	饲料价格（X_6）	连续变量，单位为元/千克，不同生长阶段饲料价格的均值
	鸡位成本（X_7）	连续变量，单位为元/只
	饲养密度（X_8）	连续变量，单位为只/平方米
	肉鸡养殖场密度（X_9）	连续变量，单位为个/方圆 50 千米，即为肉鸡养殖场分布密度
	病死鸡无害化处理（X_{10}）	连续变量，1＝无害化处理，0＝其他
	污水沉淀池（X_{11}）	连续变量，1＝建设污水沉淀池，0＝否

数据来源：根据调研数据整理获得。

饲养天数是决定生长性能的主要因素之一，调研结果说明，肉鸡养殖场鸡只饲养天数最长为 150 天，最短为 38 天。饲料价格方面，根据生长阶段差异，饲料投入配比也存在明显的差异，肉鸡养殖场目前使用的成品饲料有四个等级，分别为一号料、二号料、三号料、四号料。一号料为雏鸡料，二号料为中鸡料，三、四号料为成鸡料，本研究将肉鸡养殖场使用的四类饲料的平均价格作为肉鸡养殖场饲料价格指标。通常情况下,饲料品质与饲料价格呈正向关系,饲料价格越高,品质越高,料肉比也就越低。

鸡位成本是指单只鸡所占空间的投入成本,单只鸡的鸡位成本是圈舍投入成本与容纳鸡只量的比值,鸡位成本越高,说明肉鸡养殖场的现代化水平和产业化水平越高。饲养密度是指每平方米容纳的鸡只数量,是动物福利水平的重要指标,从流行病学方面看,饲养密度越低,鸡群的活动空间越高,通风控温水平越好,越有利于鸡群的健康。病死鸡处理分为有害化处理和无害化处理。无害化处理是指对病死鸡尸体进行专业化处理如集中掩埋、集中焚烧、碱化或者酸化等;有害化处理主要是指病死鸡尸体未经特别处理随意丢弃、投喂家畜、售卖、送人等。污水沉淀池是储存清理肉鸡养殖场污水的专业化空间设备,建设污水沉淀池不仅可以改善肉鸡养殖场环境,也可以减少疫病传播与感染风险,因此,污水沉淀池是肉鸡养殖场减少疫病风险、降低死亡率的重要基础设施。肉鸡养殖场密度是鸡场科学布局的重要指标,从流行病学角度看,肉鸡养殖场密度越高,肉鸡养殖场间感染概率越高,疫病风险越大,死亡率也越高。本研究将肉鸡养殖场密度设定为方圆 50 千米内肉鸡养殖场的数量。

5.3　描述性统计分析

药物投入方面,单只鸡药物总投入超过 1 元,其中,近六成为预防性用药。如表 5-2 所示,单只鸡药物平均总投入为 1.39 元,其中预防性用药投入接近 1 元,占药物总投入的 59.71%,可见,调研肉鸡养殖场药物投入中以预防性用药投入为主。

调研鸡场平均日增重、料肉比差异较大,调研鸡场死亡率差异较小。如表 5-2 所示,单只鸡平均日增重超过 40 克,最小值为 13.64 克,最大值为 71.43 克,最大值与最小值之间相差 4 倍多。调研鸡场平均料肉比为2.32,最小值为 1.4,最大值为 4.2,鸡场间差异同样较大,调研鸡场鸡只生长性能存在明显的差异;调研鸡场单只鸡平均死亡率为 0.05,最小值为 0.01,最大值为 1,这说明肉鸡养殖场鸡群死亡率差异明显。

表 5-2 变量描述性统计分析

类别	变量	总体				白羽				黄羽			
		均值	标准差	最小值	最大值	均值	标准差	最小值	最大值	均值	标准差	最小值	最大值
生长性能	日增重	41.48	19.83	13.64	71.43	57.12	12.32	21.67	71.43	22.97	6.75	13.64	42.19
	料肉比	2.32	0.81	1.30	4.20	1.67	0.16	1.30	2.17	3.10	0.55	2.00	4.20
	死亡率	0.05	0.12	0	1.00	0.05	0.13	0	1.00	0.04	0.11	0	1.00
药物投入	药物投入	1.39	0.54	0.10	3.31	1.27	0.46	0.10	2.85	1.53	0.60	0.50	3.31
	预防性用药投入	0.83	0.36	0.05	2.71	0.75	0.33	0.05	2.24	0.92	0.37	0.30	2.71
	治疗性用药投入	0.56	0.36	0	2.30	0.52	0.31	0	1.70	0.61	0.41	0	2.30
养殖特征	饲养天数	69.48	29.47	38.00	150.00	46.15	6.40	38.00	65.00	97.07	20.97	60.00	150.00
	饲养规模	4.99	9.58	0.06	69.60	7.94	11.85	0.30	69.60	1.50	3.53	0.06	40.00
	饲料价格	1.56	0.18	1.15	2.70	1.57	0.22	1.15	2.70	1.56	0.14	1.20	2.05
	鸡位成本	27.51	20.87	1.08	167.50	30.25	18.31	1.08	125.00	24.26	23.18	1.54	167.50
	饲养密度	9.65	2.63	3.03	17.42	10.29	2.42	5.00	16.91	8.90	2.67	3.03	17.42
	肉鸡养殖场密度	14.12	13.72	0	50.00	12.59	13.23	0	45.00	15.93	14.10	0	50.00
	病死鸡无害化处理	0.31	0.46	0	1.00	0.54	0.50	0	1.00	0.05	0.21	0	1.00
	污水沉淀池	0.39	0.49	0	1.00	0.60	0.49	0	1.00	0.14	0.35	0	1.00

数据来源：根据调研数据整理获得。

饲养特征方面，肉鸡养殖场年均出栏量仅 6 万只，肉鸡养殖场个体差异较大。调研肉鸡养殖场平均单批出栏量为 4.99 万只，最小为 600 只，最大接近 70 万只。同理饲养天数也存在较大的差异，如表 5 - 2 所示，调研肉鸡养殖场的平均饲养天数为 69.48 天，其中最短饲养天数仅为 38 天，而最长的饲养天数则为 150 天，通常南方地区黄羽肉鸡饲养天数较长，而北方地区白羽肉鸡饲养天数较短。平均单只鸡位成本为 27.51 元，个体间差异较大，肉鸡养殖场鸡位成本最低仅为 1.08 元/只，最大值则可以达到 167.5 元/只，可见鸡位成本也存在明显的差异。

另外，从虚拟变量方面看，病死鸡无害化处理的肉鸡养殖场仅为 30% 左右，大部分肉鸡养殖场对于病死鸡尚未采用无害化处理手段。由于成本等原因，修建专业化污水沉淀池的肉鸡养殖场不足四成。方圆 50 千米内肉鸡养殖场平均密度为 14 家，最小为 0 家，即除了调研肉鸡养殖场外，方圆 50 千米内没有其他肉鸡养殖场；最大值为 50 家，调研肉鸡养殖场分布相对集中，多呈片状分布。

5.4 模型回归结果分析

5.4.1 方程内生性检验

正如前文所述，由于样本选择偏差、变量测量误差、遗失变量等风险的存在，回归方程中的变量与随机干扰项之间可能存在相关性，进而导致参数估计不一致，即内生性问题（McBride et al.，2008）。药物投入受疫病的影响，同时疫病影响机体的产出，因此产生了遗漏变量的内生性问题。与前文相同，本部分采用以下思路处理内生性问题：一是寻找工具变量，合适的工具变量一般需要满足三个条件：①工具变量与内生变量高度相关；②工具变量在生产函数方程中符合外生性的要求，与扰动项无关；③工具变量的个数要不少于内生变量的个数。基于此，首先通过相关性分析，寻找与药物投入高度相关的工具变量。其次需要对工具变量做过度识别检验，以确定工具变量与扰动项不相关，即所有工具变量均为外生变量。最后通过 Cragg - Donald Wald F 检验，剔除可能的弱工具变量。二是在已经确定合适的工具变量的基础上，对药物投入的内生性进行检验，进一步明确药物投入是否为内生变量。三是通过两阶段最小二乘回归，得到兽药投入的预测值，然后将其作为代替真实的兽药投入变量带入方程组，通过似不相关回归，计算药物对日增重、料肉比和死亡率的弹性。

在此，本研究拟定疫病种类、普通疫病、烈性传染病、环保监测、距村庄的距离和地形六个变量作为工具变量，首先对六个变量作描述性统计分析，结果如表5-3。

表5-3 工具变量描述性分析及相关性分析

变量	总体		白羽		黄羽	
	均值	标准差	均值	标准差	均值	标准差
疫病种类	5.79	1.98	5.56	1.90	6.07	2.05
普通疫病	2.34	1.11	2.32	1.10	2.35	1.13
烈性传染病	3.46	1.53	3.24	1.38	3.71	1.66
环保检测	5.50	5.19	4.96	3.67	6.14	6.50
距村庄距离	4.46	4.07	5.11	4.34	3.68	3.59
地形	0.43	0.50	0.44	0.50	0.42	0.49

数据来源：根据调研数据整理获得。

由于工具变量需与内生变量高度相关，本研究将对工具变量做相关性分析，以检验工具变量是否满足高度相关性的要求。结果如表5-4所示，药物投入与疫病种类、普通疫病种类、烈性疫病种类、环保、地形四个工具变量高度相关，相关系数超过0.4。预防性用药与普通疾病以及环保高度相关，相关系数超过0.5。治疗性用药与疫病种类、烈性传染病种类、肉鸡养殖场与村庄距离以及地形高度相关，相关系数超过0.4。

表5-4 变量的相关性分析

类别	药物总投入	预防性用药	治疗性用药	疫病种类	普通疾病	烈性传染病	环保	距村庄距离	地形
药物总投入	1								
预防性用药	0.75	1.00							

（续）

类别	药物总投入	预防性用药	治疗性用药	疫病种类	普通疾病	烈性传染病	环保	距村庄距离	地形
治疗性用药	0.76	0.14	1.00						
疫病种类	0.65	0.37	0.61	1.00					
普通疾病	0.44	0.54	0.13	0.64	1.00				
烈性传染病	0.52	0.08	0.70	0.83	0.10	1.00			
环保	0.47	0.59	0.12	0.27	0.40	0.06	1.00		
与村庄距离	−0.33	−0.08	−0.42	−0.45	−0.19	−0.45	−0.14	1.00	
地形	−0.50	−0.34	−0.42	−0.37	−0.20	−0.33	−0.22	0.25	1.00

数据来源：根据调研数据整理获得。

通过过度识别检验以识别弱工具变量，最终将疾病种类和地形作为药物投入的工具变量。对于日增重方程来说，最终筛选出两个工具变量分别为疾病种类、地形两个工具变量作为药物投入的代理变量，过度识别检验和弱工具变量检验具体见表 5-5。

表 5-5　工具变量外生性检验及弱工具变量检验

生长性能	工具变量外生性检验		弱工具变量检验		
	Test of overidentifying restrictions [χ^2 (1)]	Minimum eigenvalue statistic	2SLS Size of nominal Wald tes (15%)	Shear's Partial R^2	F (3, 326)
日增重	0.81 (P=0.37)	153.43	11.59	0.49	155.46
料肉比	0.88 (P=0.35)	155.14	11.59	0.49	155.46
死亡率	0.43 (P=0.51)	153.43	11.59	0.49	154.47

数据来源：根据调研数据整理获得。

过度识别检验显示 χ^2（1）的值为 0.37，且 P 值接近为 0.000 0，强烈拒绝所有解释变量均为外生变量。进一步地，通过更正式的过度识别检验，Shear's partial R^2 的值为 0.49，同时 F 值域为 155.46，大于 10，且 F 统计量的 P 值为 0.000 0，这说明工具变量与内生变量高度相关，同时，最小特征值统计量为 153.43，大于 15% 的沃尔德检验的临界值 11.59，有理由认为不存在弱工具变量。同理，对于料肉比方程、死亡率方程过度识别检验和弱工具变量检验，均拒绝疾病种类和地形为弱工具变量。

在确定工具变量的基础上，本研究将分别对日增重方程、料肉比方程和死亡率方程中的药物投入的内生性进行检验，检验结果见表5-6。

在日增重方程中，由于 $Durbin - \chi^2$ (1) 统计量的值为6.39，且 P 值在1%的水平上显著，同时 Wu-Hauseman F 检验的统计量的值为6.36，且 P 值在1%的水平上显著，认为药物投入变量为内生变量。在料肉比方程中，由于 $Durbin - \chi^2$ (1) 统计量的值为1.01，且 P 值在10%的水平上不显著，同时 Wu-Hauseman F 检验的统计量的值为0.99，且 P 值在10%的水平上不显著，强烈拒绝药物投入为内生变量。在死亡率方程中，由于 $Durbin - \chi^2$ (1) 统计量的值为0.63，且 P 值在10%的水平上不显著，同时 Wu-Hauseman F 检验的统计量的值为0.61，且 P 值在10%的水平上不显著，强烈拒绝药物投入为内生变量。

表5-6　药物内生性检验结果

生长性能	统计量	Durbin (score) chi2 (1)	Wu-Hausman	Endogeneity test of endogenous regressors
日增重	统计量值	6.39	6.36	6.86
	P	0.01	0.01	0.009
料肉比	统计量值	1.01	0.99	1.34
	P	0.31	0.32	0.25
死亡率	统计量值	0.63	0.61	0.67
	P	0.43	0.43	0.41

数据来源：根据调研数据整理获得。

与总体药物检验方法一致，将药物分为预防性用药和治疗性用药，通过似不相关回归，分别计算预防性用药、治疗性用药对日增重、料肉比和死亡率的弹性，因此需逐个对日增重、料肉比和死亡率的三种方程中的预防性用药和治疗性用药的工具变量进行内生性检验。同样采用过度识别检验和弱工具变量检验，检验结果如表5-7所示。

对于日增重方程，预防性用药的过度识别检验显示，χ^2 (1) 统计量的值为0.6，其 P 值为0.44，因此接受"所有工具变量均为外生"。同时，

Shear's partial R^2 的值为 0.2，F 值域为 39.43，大于 10，且 F 统计量的 P 值为 0.000 0，这说明工具变量与内生变量高度相关，同时，最小特征值统计量为 40.89，大于 15% 的沃尔德检验的临界值 11.59，有理由认为不存在弱工具变量。对于治疗性用药的过度识别检验显示，χ^2（1）统计量的值为 1.52，其 P 值为 0.22，因此接受"所有工具变量均为外生"。同时，Shear's partial R^2 的值为 0.43，同时 F 值域为 100.25，大于 10，且 F 统计量的 P 值为 0.000 0，这说明工具变量与内生变量高度相关，同时，最小特征值统计量为 120.15，大于 15% 的沃尔德检验的临界值 11.59，有理由认为不存在弱工具变量。同理，对于料肉比方程和死亡率方程，过度识别检验和弱工具变量检验均拒绝疾病种类和地形属于外生变量。

表 5-7　工具变量外生性检验及弱工具变量检验

生长性能	分类	工具变量外生性检验		弱工具变量检验		
		Test of overidentifying restrictions [χ^2 (2)]	Minimum eigenvalue statistic	2SLS Size of nominal Wald tes (15%)	Shear's Partial R^2	F (3, 325)
日增重	预防	0.6 ($P=0.44$)	40.89	12.83	0.2	39.43
	治疗	1.52 ($P=0.22$)	120.15	11.59	0.43	100.25
料肉比	预防	1 ($P=0.32$)	40.89	11.56	0.2	39.43
	治疗	1.34 ($P=0.25$)	120.15	11.59	0.43	100.25
死亡率	预防	0.28 ($P=0.6$)	40.78	11.59	0.2	38.36
	治疗	0.52 ($P=0.47$)	120.13	11.59	0.43	99.89

数据来源：根据调研数据整理获得。

在确定工具变量的基础上，本研究将分别对日增重方程、料肉比方程和死亡率方程中的预防性用药和治疗性用药投入的内生性进行检验，检验结果见表 5-8。本研究进行异方差稳健的 DWH 检验结果如表 5-8。在日增重方程中，对于预防性用药的内生性检验结果显示，Durbin-χ^2（1）统计量的值为 5.1，且 P 值在 5% 的水平上显著，同时 Wu-Hauseman F 检验的统计量的值为 5.06，且 P 值在 5% 的水平上显著，认为预防性用药投入变量为内生变量。对治疗性用药投入的内生性检验结果显示，Durbin-χ^2（1）统计量的值为4.15，且 P 值在5%的水平上显著，同时 Wu-Hauseman F 检验的统计量的值为4.09，且 P 值在5%的水平上显著，因此认为治疗性用药投入为内生变量。同理，在料肉比方程中，预防性用药和治疗性用药均为外生变量，在死亡率方程中，预防性用药和治疗性用药均为外生变量。

表5-8　预防性用药和治疗性用药内生性检验结果

生长性能	类别	参数值	Durbin (score) chi2 (1)	Wu-Hausman	Endogeneity test of endogenous regressors
日增重	预防	统计量值	5.1	5.06	5.36
		P	0.02	0.03	0.02
	治疗	统计量值	4.15	4.09	4.47
		P	0.04	0.04	0.03
料肉比	预防	统计量值	0.54	0.52	0.71
		P	0.46	0.47	0.4
	治疗	统计量值	0.26	0.25	0.4
		P	0.61	0.62	0.52
死亡率	预防	统计量值	0.78	0.75	0.87
		P	0.38	0.38	0.35
	治疗	统计量值	0.58	0.56	0.63
		P	0.45	0.45	0.43

数据来源：根据 Stata 计算结果整理获得。

5.4.2　药物投入总体回归结果分析

为避免多重共线性，本研究采用方差膨胀因子法（VIF）进行检验，如果最大的 VIF 大于10和平均的 VIF 大于1，则存在多重共线性。结果说明（表5-9），所有方程均不存在多重共线性问题。因此，可采用 Stata14.0 统计软件进行实证分析。Breusch-Pagan 的检验结果显著，拒绝无同期相关的原假设。这说明，防疫措施和设备支出方程的似乎不相关回归比单一方程回归更有效率，更符合实际情况。

表5-9　药物投入对日增重、料肉比和死亡率的影响

类别	变量	日增重		料肉比		死亡率	
		系数	Z	系数	Z	系数	Z
药物投入	药物投入	2.106 6*	1.7	−0.127 9***	−3.27	−0.091 4***	−2.97
养殖特征	饲养天数	−0.615 9***	−34.17	0.026 2***	45.89	0.009 7***	14.61
	饲养规模	0.126 1***	2.36	−0.003 1*	−1.85	0.000 7	0.37
	饲料价格	−2.780 1	−1.04	0.093 4	1.11	−0.286 2***	−3.15
	鸡位成本	−0.022 8	−0.96	0.000 2	0.31	−0.000 2	−0.25
	饲养密度	−0.861 7***	−4.4	0.002 0	0.32	−0.012 8*	−1.95
	肉鸡养殖场密度	0.032 1	0.87	0.004 0***	3.4	−0.005 6***	−4.52
	病死鸡处理	—	—	—	—	−0.046 2	−1.15
	污水沉淀池	—	—	—	—	0.031 9	0.85
	常数	93.551 72	19.69	0.470 991	3.13	−2.904 7***	−18

类别		RMSE	R^2	χ^2
其他	日增重	8.48	0.82	1 480.35
	料肉比	0.27	0.89	2 709.66
	死亡率	0.28	0.52	359.61

注：*、** 和 *** 分别表示在 10%、5% 和 1% 显著性水平下显著。

Breusch-Pagan 检验说明（表5-10），各方程扰动项之间"无同期相关"的检验的 P 值为 0.05，故可以在 1% 的显著性水平上拒绝方程的扰动项相互独立的原假设。因此，使用似不相关进行系统估计可以提高估计效率。回归结果说明，模型的 R^2 都在 30% 之上，其中，日增重和料肉比的回归结果超过 80%，拟合优度良好，具有统计学意义。

表5-10　相关系数矩阵及 Breusch-Pagan 检验结果

		日增重	料肉比	对数死亡率
相关矩阵	日增重	1		
	料肉比	−0.25	1	
	对数死亡率	−0.068	0.075 6	1
Breusch-Pagan 检验	Breusch-Pagan test of independence	$\chi^2 = 24.328$		$P_r = 0.000\ 0$

数据来源：根据 Stata 计算结果整理获得。

1. 日增重推断性分析

药物投入方面，药物投入对日增重影响在10%水平上显著为正。回归系数（表5-9）说明，药物投入每增加1元，日增重将增加2.1克，可见，药物投入对鸡群生长性能具有积极的影响。

饲养特征方面，饲养天数对日增重产生显著的负向影响。饲养天数每增加1天，日增重将减少0.62克。养殖规模在1%的显著性水平上对日增重产生显著的正向影响，单批鸡饲养规模每提高10 000只，日增重将增加0.126 1克。原因可能在于，随着饲养规模的增加，肉鸡养殖场的基础设施建设水平也不断提高，肉鸡养殖场的饲养环境进一步改善，鸡群健康状况较为稳定，肉鸡养殖场的日增重也会随之提高。饲养密度在1%的显著性水平上对日增重呈显著的负向作用。回归系数说明，饲养密度每提高1%，日增重将降低0.86克。

2. 料肉比的推断性分析

药物投入对料肉比在1%的显著性水平上影响为负。其系数说明，药物投入每增加1元，料肉比将降低0.13。这表明，兽药投入在降低料肉比上发挥了积极的作用，一个可能的解释是部分药物促生长作用较强，对饲料具有一定的替代作用。

饲养特征方面，饲养天数在5%的显著性水平上对料肉比呈显著的正向影响。回归系数说明，饲养天数每增加1天，料肉比将增加0.026 2。在过了生长高峰以后，随着饲养天数的增加，料肉比逐渐下降，这也解释了养殖户严格控制饲养天数的原因。饲养规模在10%的显著性水平上对药物投入呈显著的负向影响。饲养规模每增加10 000只，料肉比将减少0.003 1。与饲养规模对日增重的影响类似，随着饲养规模的扩大，肉鸡养殖场的基础设施建设水平不断提高，鸡群的生长环境也有进一步的改善，因此料肉比也有一定程度的提高。肉鸡养殖场密度在1%的显著性水平上对料肉比的影响显著为正。回归系数说明方圆50千米的范围内，每增加1家肉鸡养殖场，料肉比将会增加0.004，原因可能在于随着肉鸡养殖场密度的增加，肉鸡养殖场感染疫病风险越大，鸡群的健康水平下降，料肉比也会随之升高。

3. 死亡率的推断性分析

药物投入对死亡率的影响在 5％ 的显著性水平上为正。其系数说明，药物投入每增加 1 元，对数死亡率将减少－0.091 4，这说明，药物在控制死亡率上具有显著的正向意义，药物对死亡率的控制具有积极的作用。

饲养特征方面，饲养天数在 1％ 的显著性水平上对死亡率呈显著的正向影响。回归系数说明，饲养天数每增加 1 天，对数死亡率将增加 0.009 7，饲料价格在 1％ 的显著性水平上对死亡率呈显著的负向影响。回归系数说明，饲料价格每千克增加 1 元，对数死亡率将减少 0.286 2，原因可能在于，价格高的饲料其品质往往较有保障，品质高的饲料霉菌感染率低，会大大降低鸡只的疫病发生率，从而减少死亡率。自《饲料和饲料添加剂管理条例》（2017 年修订）限制抗生素后，一些饲料生产商减少了饲料中植物蛋白的添加，增加了纤维等营养物质，并且生产成本有所提高，但鸡只的日增重和料肉比却有所降低。饲养密度在 10％ 的显著性水平上对死亡率呈显著的负向影响。回归系数说明，每平方米鸡舍饲养鸡只增加 1 只，对数死亡率将减少 0.012 8，原因可能在于品种及季节的差异。肉鸡养殖场密度在 1％ 的显著性水平上对对数死亡率呈显著的负向影响，原因可能在于肉鸡养殖场密度越大，彼此疫病防控信息交流及诊疗服务共享的机会越多，从而降低了疫病的死亡率，特别是烈性传染病的死亡率。

5.4.3　预防性用药和治疗性用药回归结果分析

回归结果见表 5-11、表 5-12。

表 5-11　预防性用药和治疗性用药对日增重、料肉比和死亡率的影响

类别	变量	日增重		料肉比		对数死亡率	
		系数	Z	系数	Z	系数	Z
药物投入	预防用药	−1.831 6	−1.34	−0.021 6	−0.49	−0.093 3***	−2.04
	治疗用药	5.564 6***	2.71	−0.164 3***	−2.49	−0.084 4**	−1.87

（续）

类别	变量	日增重		料肉比		对数死亡率	
		系数	Z	系数	Z	系数	Z
养殖特征	饲养天数	−0.609 6***	−34.59	0.025 9***	45.82	0.009 7***	14.56
	饲养规模	0.125 7***	2.37	−0.003 1**	−1.84	0.000 7	0.38
	饲料价格	−3.332 7	−1.25	0.100 8	1.18	−0.287 3***	−3.15
	鸡位成本	−0.027 1	−1.16	0.000 4	0.48	−0.000 2	−0.25
	饲养密度	−0.768 8***	−3.85	0.001 3	0.2	−0.012 6**	−1.91
	肉鸡养殖场密度	0.035 5	0.97	0.004 1***	3.49	−0.005 5***	−4.5
	病死鸡处理	—	—	—	—	−0.046 7	−1.16
	污水沉淀池	—	—	—	—	0.032 2	0.86
	常数项	94.454 7***	20.27	0.412 0***	2.76	−2.907 2***	−18
其他		RMESE		R^2		χ^2	
	日增重	8.43		0.82		1 510.45	
	料肉比	0.27		0.88		2 677.42	
	死亡率	0.28		0.52		359.15	

注：*、** 和 *** 分别表示在 10%、5% 和 1% 显著性水平下显著。

表 5 - 12　相关系数矩阵及 Breusch - Pagan 检验

类别		日增重	料肉比	对数死亡率
相关系数矩阵	日增重	1		
	料肉比	−0.249 1	1	
	对数死亡率	−0.064 9	0.072 6	1
Breusch - Pagan	Breusch - Pagan test of independence	$\chi^2 = 23.899$	$P_r = 0.000\ 0$	

数据来源：根据 Ststa 计算结果整理获得。

回归结果说明，模型的 R^2 都在 30% 之上，其中，日增重和料肉比的回归结果超过 80%，拟合优度良好，具有统计学意义。

1. 日增重统计结果分析

药物投入方面，预防性用药对日增重的影响不显著，而治疗性用药投入对日增重影响在 1% 水平上显著为正，回归系数说明，追加 1 元的药物投入，日增重将增加 5.56 克。这说明，治疗性用药在鸡只生长上具有显著的正向意义。这也表明，及时投放治疗性用药在迅速控制疫病蔓延上仍具有重要的地位。生产实践表明，对于非人畜共患传染病，选择施药救治比集中扑杀更具有经济意义。

饲养特征方面，饲养天数对日增重影响不显著。饲养天数每增加 1 天，日增重将减少 0.61 克。饲养规模在 1% 的显著性水平上对日增重的影响显著为正，规模每增加 1 万只，单只鸡日增重将增加 0.16 克，这也进一步从生产实践上验证了规模经济的含义：随着规模的增加，肉鸡养殖场生物安全设施、动物福利水平较高，鸡只健康状况也较好。与药物投入的总体回归结果相同，饲养密度在 1% 的显著性水平上对日增重呈显著的负向增长。其系数说明，每平方米鸡舍增加 1 只鸡，日增重将减少 0.77 克，原因可能在于饲养密度是动物福利的重要衡量指标，饲养密度越大，鸡只活动空间越小，通风透气的空间越狭小，动物福利水平越低，鸡只健康状况越差。上述结果再次说明动物福利水平对鸡只生长性能具有显著的正向影响。

2. 料肉比的推断性分析

预防性用药对料肉比的影响不显著，而治疗性用药在 1% 的显著性水平上对料肉比的影响显著为负。回归系数说明，治疗性用药每增加 1 元，料肉比将减少 0.16。这说明调研肉鸡养殖场鸡群整体健康状况较好，影响鸡群生长的主要原因是疫病。治疗性用药在控制疫病、降低料肉比上具有重要的作用。

饲养特征方面，饲养天数在 1% 的显著性水平上对日增重的影响显著为负。回归系数说明，饲养天数每增加 1 天，料肉比将降低 0.026。主要原因在于过了生产高峰期之后，鸡只生产速度开始变缓。饲养规模在 5% 的显著性水平上对料肉比产生显著的负向影响。回归系数说明，单批出栏规模每增加 1 万只，料肉比将降低 0.003 1。原因可能在于随着饲养规模的增加，肉鸡养殖场基础设施建设获得相应的改善，鸡群的饲养环境有更大的提高，生产性能也随之有更大的改善，料肉比也随之降低。肉鸡养殖场密度在 1% 的显著性水平上对料肉比产生显著的正向影响。回归系数说明，方圆 50 千米以内每增加 1 家肉鸡养殖场，料肉比将降低 0.004 1。进一步验证了肉鸡养殖场的地理分布密度越大，生长性能越高。

控制肉鸡养殖场地理分布密度，对稳定鸡群的生产性能具有重要意义。

3. 死亡率的推断性分析

预防性用药在 1％ 的显著性水平上对对数死亡率的影响为正。回归系数说明，药物投入每增加 1 元，对数死亡率将减少 0.093。这说明，虽然预防性用药对鸡群生产性能的改善没有显著的影响，但预防性用药对疫病的暴发具有显著积极的预防作用。治疗性用药在 5％ 的显著性水平上对对数死亡率的影响显著为负。回归系数说明，治疗性用药投入每增加 1 元，对数死亡率将减少 0.084 4，进一步表明药物在控制疾病的危害上具有积极的意义。上述分析表明：养殖主体用药的主要作用在于预防和控制疾病，同时也证实了养殖主体的话"鸡没有病谁愿意用药"。

饲养特征方面，饲养天数在 1％ 的显著性水平上对药物的影响显著为负。回归系数说明，饲养天数每增加 1 天，对数死亡率将减少 0.009 7，原因可能在于随着饲养天数的增加，疫病风险也随着增加，死亡风险也随着提高。可见，确定合适的饲养周期，降低疫病风险对减少药物投入具有重要意义。饲料价格在 5％ 的显著性水平上对死亡率具有显著的负向影响，而从回归系数上看，饲料价格每提高 1 元，对数死亡率将减少 0.29，与总体回归结果的原因相同，可能是价格高的饲料其品质往往较有保障，品质高的饲料霉菌感染率低，会大大降低鸡只的疫病发生率，从而减少死亡率。实际上，自《饲料和饲料添加剂管理条例》（2017 年修订）限制抗生素后，一些饲料生产商减少了饲料中植物蛋白的添加，增加了纤维等营养物质，提高鸡群的肠道功能，降低了死亡率。通过改善饲料结构，可显著降低鸡群的死亡率。分项回归后，饲养密度在 5％ 的显著性水平上对对数死亡率的影响为负，回归系数说明，每平方米鸡舍增加 1 只鸡，对数死亡率将减少 0.012 6。饲养密度是动物福利的主要指标之一，饲养密度越高，预示着动物福利水平越高，随着饲养密度的增加，鸡群活动空间越小，鸡群空气质量越来越差，疫病感染传播的速度也会越来越快，死亡率也会越来越高。肉鸡养殖场密度在 1％ 的显著性水平上对对数死亡率的影响显著为负值，这与所假设的不同，原因可能在于肉鸡养殖场密度越高，养殖主体之间信息交流、医疗服务越频繁，在疫病的防治上特别是烈性传染病的治疗上也越有优势。

5.4.4　药物弹性计算结果

计算结果见表 5 - 13。

表 5 - 13　药物投入对日增重、料肉比、死亡率的弹性

类别	日增重	料肉比	死亡率
药物总投入	0.070 6 *	− 0.076 6 ***	− 2.540 9 ***
预防性用药	− 0.036 6	− 0.007 7	− 1.548 8 ***
治疗性用药	0.075 1 ***	− 0.039 7 ***	− 0.945 3 ***

数据来源：根据 Stata 计算结果整理获得，对于不显著项，不再计算，表中用"—"表示；*、** 和 *** 分别表示在 10%、5% 和 1% 显著性水平下显著。

药物投入对于日增重弹性为 0.070 6%，即药物投入增加 1%，日增重将增加 0.07%，料肉比将降低 0.077%，而死亡率将降低 2.54%，由此可见，兽药对鸡群生长性能具有积极正向的影响，兽药技术效果良好，当前兽药投入不过量。

预防性用药弹性计算说明，预防性用药增加 1%，死亡率将减少 1.55%。值得注意的是，虽然预防性用药对日增重的弹性为负，但系数却是不显著的。治疗性用药每增加 1%，日增重将增加 0.075 1%，料肉比将减少 0.039 7%，死亡率将减少 0.945 3%。预防性用药，特别是疫苗，对防止鸡群疾病的暴发、降低死亡率具有显著的效果，而治疗性用药不仅能及时遏制疾病，快速促进鸡群恢复，部分辅助性治疗性药物还能促进鸡群的生长，提高日增重。可见，无论是预防性用药还是治疗性用药在改善鸡群生长性能上都具有积极的正向作用，特别是在控制疫病暴发，降低鸡群死亡率上作用尤为明显。上述分析进一步解释了为什么养殖主体"热衷于用药"。从技术效果上看，兽药投入不过量。

5.4.5　讨论

为进一步分析药物使用效果，本研究将结合生产实践，通过专业技术人员即鸡场技术员的用药预期来说明药物使用是否过量。问卷设计的问题

为"如果不使用药物，肉鸡养殖场死亡率为多少"，也对于用药干预进行评估。之后，根据上述人员的预期估算兽药的损失。药物投入死亡率减损计为 Δ_{MR}，不使用药物肉鸡养殖场死亡率预期计为 MR_1，当前实际死亡率计为 MR_2，药物投入的死亡率减损为不用药物的死亡率预期与实际死亡率的差［式（5-2）］，如果将药物死亡减损表示为 Δ_{drug}，药物的死亡减损等于药物死亡预期与死亡鸡只损失的乘积［式（5-3）］，死亡鸡只损失可表示为 D，死亡鸡只损失包括死亡鸡只饲料成本、鸡苗成本、人工成本、设备折旧及其他费用之和。

$$\Delta_{MR} = MR_1 - MR_2 \qquad (5-2)$$

$$\Delta_{drug} = \Delta_{MR} \times D \qquad (5-3)$$

不同生长阶段的死亡率具有差异，由此诱发的死亡损失也具有差异。根据生长性能，鸡群的死亡率划分为雏鸡死亡率、中鸡死亡率和成鸡死亡率。对应的死亡损失也分为雏鸡死亡损失、中鸡死亡损失和成鸡死亡损失。药物的死亡减损可表示为药物的雏鸡预期减损、药物的中鸡预期减损和药物的成鸡预期减损之和［式（5-4）］。药物的净死亡减损可以表示为药物的死亡减损与药物投入成本之差［式（5-5）］。

$$\Delta_{drug1} = \sum \Delta_{MR\,i} \times D_i \qquad (5-4)$$

$$\Delta_{drug2} = \Delta_{drug1} - C_{drug} \qquad (5-5)$$

根据上述人员的评估，药物死亡减损计算结果如表5-14。

表5-14 专业技术人员对药物使用产生的死亡预期评估

类别	变量	总体		白羽		黄羽	
		均值	标准差	均值	标准差	均值	标准差
死亡率	药物的死亡预期增量（%）	19.5	42.1	29.7	52.22	7.3	19.4
	雏鸡占比（%）	0.71	0.17	0.73	0.19	0.7	0.15
	中鸡占比（%）	0.18	0.13	0.15	0.14	0.2	0.11
	成鸡占比（%）	0.11	0.11	0.11	0.12	0.1	0.08
死亡鸡只损失	死亡损失（元/只）	8.7	3.36	8.68	3.65	8.7	3
	雏鸡死亡损失（元/只）	5.08	2.43	6.06	2.8	3.9	1.05
	中鸡死亡损失（元/只）	13	3.09	11.2	1.92	15	2.91
	成鸡死亡损失（元/只）	26	6.19	22.5	3.84	30	5.82

（续）

类别	变量	总体		白羽		黄羽	
		均值	标准差	均值	标准差	均值	标准差
药物死亡减损	用药死亡减损（万元/年）	104	262	172	334.6	24	75.4
	肉鸡养殖场用药成本（万元/年）	31.7	68.6	51.3	84.83	8.5	28
	药物死亡净减损（万元/年）	72.96	209.18	121.56	271.56	15.47	48.92

注：根据调研数据整理获得。

专业技术人员的评估结果显示：不用药死亡率增加 19.5%，其中白羽肉鸡增加 29.7%，黄羽肉鸡增加 7.3%。单从死亡率上看，肉鸡养殖场对兽药依赖性较强，并且，白羽肉鸡兽药依赖性高于黄羽肉鸡。从生长阶段来看，鸡只死亡主要集中在雏鸡阶段。三个阶段鸡只死亡比例由高到低为雏鸡、中鸡、成鸡。其中，雏鸡死亡率占总体死亡率 71%。从品种上看，白羽肉鸡死亡率主要集中在雏鸡，死亡率占总死亡率的 73%；黄羽肉鸡死亡率也主要集中于雏鸡，雏鸡死亡率占总死亡率的 70%。单只鸡死亡率损失计算说明，总体上单只鸡死亡率损失为 8.7 元，其中雏鸡死亡率损失为 5.08 元，中鸡死亡率损失为 13 元，成鸡死亡损失为 26 元。从品类上看，白羽肉鸡死亡率损失为 8.68 元，其中，雏鸡为 6.06 元，中鸡为 11.2 元，成鸡为 22.5 元。黄羽肉鸡单只鸡死亡率损失为 8.7 元，其中，雏鸡为 3.9 元，中鸡为 15 元，成鸡为 30 元。

药物死亡减损计算结果说明，肉鸡养殖场平均用药的死亡减损为 104 万元，其中白羽肉鸡养殖场带来的年减损为 172 万元；黄羽肉鸡养殖场带来年减损为 24 万元。如果减去用药总成本，药物死亡净减损为 72.96 万元，其中白羽肉鸡养殖场药物死亡年减损为 121.56 万元，黄羽肉鸡养殖场药物死亡年减损 15.47 万元。综上所述，药物在控制鸡群死亡特别是在控制由疫病而引起的鸡群死亡方面具有重要的作用，正如养殖主体所言："如果不用药，损失会更大"，这些说明养殖主体们认为他们自己使用兽药是合理的，不存在过量。

5.4.6　兽药使用负外部性问题

兽药使用的负外部性主要表现在两方面：一方面是经济负外部性，主要是指药物耐药性（Ilias et al.，2014）引起疫病治疗成本增加，以及畜禽死亡率上升，引起养殖企业生产成本上升。再者，养殖业产生的耐药菌传播给人类，造成人类无药可治，死亡率上升，引起社会恐慌以及市场失灵。另一方面是环境负外部性，含有兽用抗菌药的牲畜废物通常被用作农田或牧场的肥料，而兽用抗菌药可能会通过粪便进入土壤或水源中，造成污染环境（Derry and Loke，2000；陈秋颖等，2008；马文瑾等，2020）。

兽药负外部性的严重影响说明，减量使用仍具有必要性。从经济负外部性上看，兽药不合理的投入导致企业饲养成本不断上升，亟须减少兽药投入，特别是抗生素的投入。大量研究认为，生猪、肉鸡等产业过量使用抗生素是耐药菌产生的主要重要因素，特别是大量使用亚治疗性抗生素作为促生长剂引起的细菌耐药性问题，导致部分疾病治疗难度加大，疗程延长，换药频次增加（WHO，2005；Raham，2007）。例如瑞典养殖场使用阿弗帕星的农场家禽携带糖肽类抗生素万古霉素耐药肠球菌的比例高达97%，而没有投喂阿弗帕星作为治疗性添加剂的农场家禽感染万古霉素耐药肠球菌的比例仅为18%，考虑到畜牧业的健康发展，瑞典政府采取"一刀切"的办法，在全国范围禁止亚治疗性抗生素作为饲料添加剂（Cohen and Tauxe，1986；Bailey et al.，2020）。另外，耐药菌传播引起公共安全问题导致一些组织呼吁减药。饲养动物耐药菌通过三个途径传播给人类：①将耐药细菌释放到环境中（Campagnolo et al.，2002）；②通过食物链传播（Jakobsen et al.，2010）；③通过与家禽直接接触传播（Cleef et al.，2011），由此引起人类疫病治疗成本增加，死亡率升高，面临无药可治的市场失灵窘境（Michael and Williams，2018），联合国大会将细菌耐药性视为"最大最紧迫"的全球风险，世界卫生组织（WHO）也向全球呼吁"如不采取行动，人类将无药可用"。

同时，从世界范围内看，环境污染治理也要求减少兽药使用。养殖场排放的兽药残留直接污染水源和土壤，破坏环境生态平衡，危害人类健康。20世纪50年代，兽药开始应用于畜牧业，随之引起的环境污染问题逐渐凸显。90年代初期，部分畜牧业生产大国开始调查兽药残留环境污染程度，结果令人吃惊，全球60%的河流检出药物，丹麦水体中检测出68种药物，兽药残留环境污染治理面临严峻的考验。根据美国地质调查局，在 30 个州测试的 139 条溪流中发现 48% 的河流中含有抗菌药，包括兽用抗生素泰乐菌素和磺胺二甲嘧啶（Dana et al.，2002）。欧盟研究人员对养殖场周围土壤抗生素含量测量发现，畜禽堆肥地方的抗生素浓度高达上百毫克/千克。例如，有研究人员对德国肉鸡养殖场附近土壤检测发现，四环素的浓度高达 246.3 微克/千克，在鸡粪堆肥的土壤表层土霉素的含量更是高达 32.3 毫克/千克（Carlet et al.，2012；Ahmed et al.，2008；Saatkamp et al.，2002）。基于环境污染治理的紧迫性，欧美发达国家自 20 世纪 90 年代以来，加快实施畜牧业兽药减量使用，出台各项政策控制兽药投入。例如瑞典推行全国禁止亚治疗性抗生素的同时推广STRAMA 病原菌耐药性检测系统。丹麦在逐步禁止饲料中亚治疗性抗生素的同时，采取的关键措施有 KIK 质量保证体系及和 "黄卡政策"（Yellow Policy）。

国内药残环境污染也不容乐观，兽药减量势在必行。王冉、魏瑞成等（2012）于 2012 年对我国 28 家规模养鸡场堆肥区和排污口抽样检测发现，鸡粪堆肥区土壤抗生素浓度为 0.03～20.6 毫克/千克，鸡场排污口废水抗生素平均密度为 0.59～220.96 微克/升。鉴于药残环境污染，我国于2021 年实施了《全国兽用抗菌药使用减量化行动方案（2021—2025 年）》，全面减少抗生素的使用。

为了解肉鸡养殖场耐药性情况，本次调研设计问题如下：①本年度肉鸡养殖场是否做过药敏试验；②不同批次的鸡，预防大肠杆菌病换药的情况如何？换药的原因是什么？（表 5 - 15）。

表 5 - 15　养殖主体对肉鸡养殖场耐药性评价情况

类别	耐药性情况	总体		白羽		黄羽	
		样本	占比（%）	样本	占比（%）	样本	占比（%）
药敏试验	是否做	132	39.52	90	49.72	42	27.45
换药情况	不换药	67	20.06	46	25.41	21	13.73
	换药 1 次	129	38.62	94	51.93	35	22.88
	换药 1 次以上	138	41.32	41	22.65	97	63.40

（续）

类别	耐药性情况	总体		白羽		黄羽	
		样本	占比（%）	样本	占比（%）	样本	占比（%）
换药原因	耐药性	244	73.05	114	62.98	130	84.97
	季节	160	47.90	76	41.99	84	54.90
	其他	46	13.77	10	5.52	36	23.53

数据来源：根据调研数据整理获得。

接近四成肉鸡养殖场做过药敏试验。334 个调研肉鸡养殖场中，做过药敏试验的肉鸡养殖场为 132 个，占比为 39.52%，其中，白羽肉鸡养殖场占比为 49.72%，黄羽肉鸡养殖场占比为 27.45%。白羽肉鸡养殖场做过药敏试验的接近 50%，也即接近一半的白羽肉鸡养殖场做过药敏试验。

同种疾病单批鸡换药情况较为普遍。总的来看，对于鸡群常见疾病大肠杆菌病来说，单批不换药的肉鸡养殖场仅为 67 家，占总数的 20.06%。换药的肉鸡养殖场为 267 家，占比为 79.94%。其中，单批鸡预防或治疗大肠杆菌病换药 1 次肉鸡养殖场为 129 家，占比为 38.62%。单批鸡预防或治疗大肠杆菌病换药 1 次以上的鸡共有 138 家，占比 41.32%。也就是说，近八成的肉鸡养殖场单批鸡同种疾病换药情况较为普遍，这说明，肉鸡养殖场耐药性问题较为普遍。70% 以上的养殖主体认为换药是出现了耐药性。在问及换药原因时，244 户养殖主体认为出现了耐药性，占总数的 73.05%，即药物的效果相对于前一次来说已经明显下降。因为季节或其他原因的占比仅为 47.9% 和 13.77%。耐药性分析说明，调研肉鸡养殖的耐药性风险普遍存在。

5.4.7　兽药使用药残污染问题

粪便堆肥和废水排污是肉鸡产业药残进入环境的两条主要路径。从调研的肉鸡养殖场看，兽药残留进入环境的路径主要有两种：一是通过鸡粪堆积进入环境中。药残富集直接渗入土壤。在缺乏专业粪污处理设备的小规模养殖场，养殖主体一般将鸡舍铲除的鸡粪堆积于场院、空旷地或撂荒的田地中，鸡粪中的药物残留与土壤接触，直接污染土壤，特别是堆肥经雨水浸淋之后，药物残留随雨水进入土壤、地表水和地下水。二是通过排污口进入到环境中。肉鸡养殖场消毒的污水以及清洗鸡舍、料槽、刮粪板等设备污水通过排污口进入到野地、池塘、河流，对土壤和地表径流造成直接污染，再经淋渗作用进入地下水，再次造成地下水污染。本研究将根据调研数据，按照三类不同经营方式计算养殖场鸡粪中抗生素的排放含量（表 5-16）。

表 5-16　不同经营方式的鸡场占比

经营方式	总体		白羽		黄羽	
	样本	占比（%）	样本	占比（%）	样本	占比（%）
直属公司	14	4.19	10	5.52	4	2.61
公司＋农户	240	71.86	134	74.03	106	69.28
农户	80	23.95	37	20.44	43	28.10

数据来源：根据调研数据整理获得。

为进一步说明肉鸡产业兽药残留的环境污染情况，本研究将对鸡粪中的药物残留进行计算，鸡粪中药物残留计算公式如下：

$$r_{ant} = ant \times (1 - \delta) \qquad (5-6)$$

式中，r_{ant} 为鸡粪中的抗生素残留，ant 为抗生素投入量，δ 为抗生素的吸收率。本研究将计算肉鸡养殖场年抗生素排放量，其中抗生素的平均吸收率 δ 设计为 0.45。经计算，三类肉鸡养殖场的抗生素年排放量如表 5-17 所示。

表 5-17　三类肉鸡养殖场鸡粪中抗生素的排放量

变量	一条龙公司		公司＋农户		农户	
	均值	标准差	均值	标准差	均值	标准差
年出栏规模（万只/年）	112.23	113.88	16.60	35.47	41.56	82.06
单只鸡抗生素投入剂量（克/只）	1.24	0.77	1.09	0.56	1.33	0.64
抗生素年投入量（吨/年）	0.43	0.27	0.45	0.28	0.57	0.41
鸡粪中抗生素含量（吨/年）	0.39	0.24	0.41	0.26	0.51	0.37

数据来源：根据调研数据整理获得。

计算说明，"一条龙公司"鸡粪年抗生素产出量为 0.39 吨，"公司＋

农户"类型的养殖场鸡粪中抗生素的年产出量为 0.41 吨，农户类型的养殖场年抗生素的产出量为 0.51 吨。调研中农户类型的养殖场缺乏专门的鸡粪处理设备，大多采用直接堆肥，这将给环境带来极大的污染隐患。对于农户类型的养殖场来说，该类养殖场专业化粪污处理设备较为缺乏，粪便荒地堆肥和废水直接排放较为普遍。如果这些未经专业处理的粪污直接排放到环境中，单个农户类型的养殖场每年向环境中排放的抗生素将达到 0.37 吨。耐药性分析和环境的污染隐患说明，肉鸡养殖业耐药性风险和环境安全隐患巨大，兽药的减量使用刻不容缓。

5.5 本章小结

本章通过建立似不相关回归模型测算兽药的技术效果，测算结果说明：

第一，药物总投入对生长性能的弹性显示：药物投入对日增重影响在 10％水平上显著为正，药物投入对于日增重弹性为 0.07％，即药物投入增加 1％，日增重将增加 0.07％，料肉比将降低 0.077％，而死亡率将降低 2.54％。这说明药物投入能降低死亡率和料肉比，对鸡群的生长性能具有积极的促进作用，从技术效果上讲，药物投入不过量。

第二，预防性用药和治疗性用药对生长性能的弹性显示：预防性用药增加 1％，死亡率将减少 1.55％，治疗型药物每增加 1％，日增重将增加 0.075 1％，料肉比将减少 0.039 7％，死亡率将减少 0.945 3％。这表明不管是预防性用药还是治疗性用药，均在降低死亡率上发挥积极的作用，并且治疗性用药对促进生长、提高饲料转化率发挥重要作用。从技术效果上看，两类药物投入均不过量。

第三，养殖主体对药物减损效果具有积极正向的预期。根据养殖主体的用药预期，药物投入将为肉鸡养殖场减少 72.96 万元的年死亡净损失，其中，为白羽肉鸡养殖场减少 121.56 万元的年死亡净损失，黄羽肉鸡养殖场减少 15.47 万元的年死亡净损失，进一步说明兽药投入具有积极正向的技术效果，这也解释了为什么养殖主体"热衷于用药"。

第四，兽药投入的负外部性问题凸显。通过对9省334个肉鸡养殖场调研分析，肉鸡养殖场普遍存在外部性风险。约有8成的养殖主体单批鸡治疗大肠杆菌的用药中存在换药情况，约有七成的养殖主体换药的原因是由于耐药性。另外，由于堆肥仍是鸡场采用的主要处理方式，鸡粪中药物残留对环境污染隐患仍然较大，特别是对于散户类型的养殖场，在缺乏专门的鸡粪处理设备情况下，单个鸡场平均每年可能给环境带来0.51吨的抗生素排放量，进一步表明，兽药环境污染隐患巨大。

第五，尽管兽药经济效果和技术效果的测量结果均说明兽药投入并不过量，然而由于负外部性问题存在，兽药减量具有极大的必要性，兽药减量刻不容缓。

第 6 章 兽药投入的影响因素

第 4 章和第 5 章分别测算了兽药经济效果和技术效果，结果表明，兽药对肉鸡产业的发展发挥着积极的作用，兽药投入并不过量。然而，由于兽药投入负外部性的存在，兽药减量使用仍然具有极大的必要性。本章基于兽药使用的决策原理、计划行为理论以及生产者行为理论，分析兽药投入的影响因素，为减药提供科学依据。

6.1 相关理论

兽药投入作为动物健康管理的主要措施之一，投入品选择受到多种因素的影响。根据动物健康决策理论（Nji，1993；Chilonda et al.，1999；McInerney et al.，2016）、计划行为理论（Ajze，2000；Carey et al.，2010）、生产者行为理论（Bentley - phillips and Grace，2006；Roger and Benjamin et al.，2010）以及已有研究（黄泽颖等，2016；Komba et al.，2013），可以将兽药的投入影响因素归结为六大因素。

1. 态度

从动物健康决策理论看，态度因素属于养殖主体的主观特征；从计划行为理论看，态度属于行为意向。养殖主体是生产系统投入的决策者。兽药的选择因素中，用药预期和风险偏好是决定养殖主体的两个关键因素（Gasson，1973；Johnston et al.，1997；Huang et al.，2016）。养殖主体对药物效果、药物预期收益评价越高，越有可能增加兽药的投入。另外，从发展战略上看，养殖主体对企业发展的全景期望越大，规划越为宏远，减药的意愿也会越大。养殖主体对疫病风险、市场风险越是居于保守，越会增加兽药投入，规避风险。

2. 主观规范

计划行为理论指出，个体在决策时受他人或团体施加压力的影响。从动物健康决策理论看，主观规范又从属于制度因素（Curry，1992；Gros et al.，1994；Goncalves，1995；Hassan，1995）。监管收紧时，药物投入受到限制。我国肉鸡产业主要受药残处罚及用药记录的监管，对于药残超标的养殖主体，可能受到延期出售的惩处，从而面临饲养成本增高的风险，同时，养殖主体也面临着名誉损失。因此，药残超标处罚程度越大，养殖主体药物投入可能越少。用药记录也是政府监管兽药使用的重要手段之一，是监管部门判断饲养场用药是否科学合理的依据，也是监管部门为养殖企业提供改善畜禽健康状况的依据。用药记录越完善，盲目用药情况越少，药物投入越少。

3. 知觉行为控制

知觉行为控制是计划行为理论的知觉行为控制部分，也是动物健康决策理论的主观特征及制度因素部分（Ajze，2000；Carey et al.，2009；Smith et al.，2006）。动物健康决策理论指出，社会化服务水平是养殖主体知觉控制因素中最关键的因素。一般而言，社会化服务水平与养殖主体动物健康投入呈正相关（Hobbs，1997；Sadoulet and Janvry，1995）。当养殖主体获取服务的条件受到限制，获取相关服务成本可能提高，可能会减少相关措施投入。对于肉鸡产业兽药使用而言，社会化服务水平主要包括信息流通、兽医服务及推广服务，因此社会化服务又表现为养殖主体的疫病感知、兽医知识及购药合同状况（Kebede，1990；Leonard，1999）。养殖主体获取的疫病及药物的外部信息越多，愈会增加药物使用；专业兽医服务愈便利，养殖主体获取专业疫病防控知识愈多，科学用药水平愈高，兽药投入可能愈少；推广服务越大，特别是通过合同强制性推广，对于签订用药合同的鸡场，由于条款中规定了最低用药量，兽药使用量也会增大。

4. 市场

影响养殖主体在动物健康管理方面的经济因素包括产出和投入（McInerney，1993；Nji，1993）。由于养殖主体对产品盈利能力敏感，畜产品价格往往在动物健康管理决策中起核心作用（Ali，1995），市场需求疲软时，畜产品价格下降，养殖主体不太可能分配资源采用动物健康管理技术。同时，动物健康产品采用受其市场价格的影响。生产者行为理论指出，基于利润最大化考虑，产品的价格、生产要素的价格是影响厂商要素投入决策的两项最为关键的因素（Willock et al.，1999；Joyce，2000；Possatil et al.，1999）。从当前我国肉鸡产业生产实践看，兽药投入也直接受出栏鸡只价格和兽药价格的影响。

5. 个人特征

个人特征在此是指个人的客观特征。动物健康理论将养殖主体的年龄、受教育程度、养殖年限归结为影响养殖主体动物健康决策的三个关键因素（Hill，1992；Gasson，1973；Johnston et al.，1997；Tambi et al.，1999）。年龄决定了养殖主体对财富、社会地位的追逐，影响养殖主体的决策。受教育程度决定了养殖主体对信息的处理能力，决定了其对管理技能的选择。受教育程度越高，养殖主体对疫病、药物信息掌握得可能越多，更有可能增加兽药的投入（Adesina and hudgins，1995；Howard and Cranfield，1995）。养殖年限预示着养殖主体的管理经验，决定了养殖主体对药物作用的理解。养殖年限较长者，可能更倾向于非药物手段控制疫病，兽药投入可能越少（Kumar et al.，2001；Magder and Hughes，2008）。

6. 养殖特征

养殖特征因素即属于动物健康决策理论中的农场特征因素，又属于生物学因素（Putt et al.，1987），也属于生产者决策理论中的技术因素（Haan and Umali，1992；Umali，1992；Tambi，1995）。养殖特征因素关键指标有三项：养殖规模、经营方式、品种（Curry，1992；Jose et al，1995；Aubourg，1995；Tambi et al.，1994）。养殖规模和经营方式反映了企业的管理水平。养殖规模越大，市场化程度越高，非用药性管理措施投入越高，疾病风险的管理水平越高，药物投入越少（Martin et al.，1987；Chilonda et al.，1999；Chilonda and Van，2001）。品种直接决定病原体与宿主之间的关系，不同品种对疫病的耐受程度不同，从而导致疫病的流行程度也不相同，药物投入具有差异（Putt et al.，1987），一般而言，白羽肉鸡对疫病耐受能力更高，药物投入也相对较少。

6.2　模型构建与变量说明

6.2.1　模型构建

从动物经济学的角度看，药物影响因素分析本质上是生产者对生产要素投入的选择（McInerney et al.，2016）。本研究将根据动物健康决策理论、计划行为理论和生产者行为理论，构建兽药影响因素分析方程：

$$Q_{总} = \alpha_0 + \sum_{k=1}^{n} \alpha_\tau X_k + \sum_{i=1}^{m} \alpha_i D_i + \varepsilon_i \qquad (6-1)$$

预防性用药和治疗性用药可以受相同的因素影响，也可以受不同的因素影响。在饲养系统中，考虑某些不可观察因素同时对预防性用药和治疗性用药产生影响，在构建方程分析两类药物投入的影响因素时，两类方程的扰动项存在相关性，此时，采用似不相关回归构建方程组如下：

$$\begin{cases} Q_{pr} = \beta_0 + \sum_{k1=1}^{n1} \beta_\tau X_{k1} + \sum_{i1=1}^{m1} \alpha_i D_{i1} + \varepsilon_{i1} \\ Q_{cu} = \gamma_0 + \sum_{k2=1}^{n2} \gamma_\tau X_{k2} + \sum_{i2=1}^{m2} \gamma_i D_{i2} + \varepsilon_{i2} \end{cases} \qquad (6-2)$$

式中，Q_{pr} 表示预防性用药，Q_{cu} 表示治疗性用药；$X_1,\cdots,X_k$，连续变量，具体包括：用药预期、疫苗价格、抗生素价格、化学药物价格、中药价格、微生态制剂价格、营养保健品价格、鸡肉价格、受教育程度、养殖年限。$D_1,\cdots,D_i$，虚拟变量，具体包括：风险偏好、减药意愿、药残超标处罚、用药记录、疫病感知、购药合同、品种、规模、经营方式。对于药物总投入的方程，采用单方程回归，而对于预防性用药和治疗性用药方程组，采用似不相关回归（SUR）计算药物的影响因素。

6.2.2　变量说明

根据动物健康决策理论、计划行为理论和生产者行为理论，从六个方面选取被解释变量，即态度、主观规范、知觉行为控制、市场、个人特征和养殖特征。以下将对药物投入及六类因素相关变量予以说明，并对其中的部分变量予以重点说明。

药物投入为被解释变量，具体包括药物总投入、预防性药物投入、治疗性药物投入。本部分用经济指标量药物的投入水平，其单位为单只鸡兽药投入金额。

本研究选择用药预期和风险偏好两个指标度量态度，将养殖主体对用药后死亡率减少的幅度的评估作为用药预期的代理变量，药物死亡减损幅度越高，养殖主体对药物的用药预期就越高，同时也说明养殖主体对药物的效果的评价越积极。风险偏好是指养殖主体对待风险的态度，根据养殖主体对待风险的个体差异，将风险偏好划分为风险爱好型、风险厌恶型和风险中等型。综合考虑疫病风险和市场风险，本研究将养殖主体在面临某种疾病时，愿意投入的药物成本作为衡量养殖主体的风险偏好的代理变量。具体设计问题为"假如肉鸡养殖场暴发盲肠球虫病，给出以下三种用药方案，你选择的处理方案为：①疗效快价格昂贵的药物；②疗效中等价格中等的药物；③疗效慢、价格便宜的药物。"如果养殖主体选择①，说明其愿意尽最大的努力迅速减少疫病风险，据此本研究认为养殖主体属于风险规避者；如果养殖主体选择②，说明养殖主体会折中考虑疫病风险和成本风险，本研究将养殖主体定义为风险中立者；同理，养殖主体选择③，则被认定义为风险爱好者。

本研究选择药残超标处罚、减药意愿、用药记录三个指标来度量主观规范因素。在此重点说明药残超标处罚指标。我国相关法律法规规定了动物产品中最高药物残留限量（Maximum Residue Limits，MRLs），简而言之，动物性食品中规定了药物残留最高浓度，药残系数是基于一套严格且复杂的科学评估程序得出的，药残是否超标是衡量养殖主体是否遵守休药期或是否规范用药的重要指标。在我国，对于药残超标的养殖主体，一般会采取延期出售的惩处方式。对于药残超标受到"延期出售"处罚的养殖主体，将会增加饲养成本，因此当药残检测次数增加时，也即药残检测越严格养殖主体越规范用药。药残检测超标处罚力度作为外部压力的代理变量，将其设为虚拟变量，具体见表6-1。

表 6 - 1　变量说明

类别	变量	变量说明
药物投入	药物总投入（$Q_总$）	连续变量，单只鸡用药量，单位为元/只
	预防性用药投入（Q_{pr}）	连续变量，单只鸡用药量，单位为元/只，年鸡只用药量
	治疗性用药投入（Q_{cu}）	连续变量，单只鸡用药量，单位为元/只，年鸡只用药量
态度	用药预期（X_1）	连续变量，使用药物死亡减损幅度，单位为%
	风险偏好（X_2）	虚拟变量，风险偏好等级，1＝低；2＝中；3＝高
主观规范	药残超标处罚（X_3）	虚拟变量，药残超标的处罚力度，1＝禁养，0＝否
	减药意愿（X_4）	虚拟变量，对减少药物使用的意愿，1＝愿意，0＝不愿意
	用药记录（X_5）	虚拟变量，是否有完整的用药记录，1＝有，0＝否
知觉行为控制	兽医知识（X_6）	连续变量，兽医知识得分，单位为分
	疫病感知（X_7）	虚拟变量，本地鸡群疾病感染率在 50% 以上＝1，其他＝0
	购药合同（X_8）	虚拟变量，是否签订购药合同，1＝是，0＝否
市场	出栏价格（X_9）	连续变量，单位为元/千克
	疫苗价格（X_{10}）	连续变量，单位为元/千克，不同药物折合的平均价格
	抗生素价格（X_{11}）	连续变量，单位为元/千克，不同药物折合的平均价格
	化学药物价格（X_{12}）	连续变量，单位为元/千克，不同药物折合的平均价格
	中药价格（X_{13}）	连续变量，单位为元/千克，不同药物折合的平均价格
	微生态制剂价格（X_{14}）	连续变量，单位为元/千克，不同药物折合的平均价格
	营养保健品价格（X_{15}）	连续变量，单位为元/千克，不同药物折合的平均价格
个人特征	受教育程度（X_{16}）	连续变量，单位为年
	养殖年限（X_{17}）	连续变量，单位为年

（续）

类别	变量	变量说明
养殖特征	品种（X_{18}）	虚拟变量，品种，1＝白羽，0＝黄羽
	规模（X_{19}）	虚拟变量，规模，单位为万/批
	经营方式（X_{20}）	虚拟变量，经营方式，1＝公司或公司＋农户，0＝其他

注：根据相关理论选取变量。

本研究将兽医知识、疫病感知、购药合同三个指标作为知觉控制因素的主要因素。对于兽医知识，我们通过打分方式考察养殖主体兽医知识水平，具体设置 5 个问题为"①加强环境清洁与消毒可以减少大肠杆菌病的发生；②氟苯尼考是处方药；③两种药物联合使用一定比单用一种疗效好；④根据用药效果，应随时调整用药剂量；⑤中药不需要考虑休药期。"每一小题养殖主体回答正确将获得 1 分，满分为 5 分。对于疫病感知，根据疫病的流行程度，将其设置为虚拟变量。养殖主体认为本地鸡只疫病感染率大于等于 50％，即该地 50％以上鸡只在生长期内会感染疫病，设置为 1，小于 50％，设置为 0。对于购药合同，从我国肉鸡养殖实际看，养殖主体获得药物的方式可划分为两类，合同购药和非合同购药。对于合同购药的肉鸡养殖场，无需先付清药款便可获得药物，签订购药合同有利于肉鸡养殖场获得稳定、安全的药物来源，减少了养殖主体购药的交易成本，提高肉鸡养殖场获得药物的便利性，因此是否签订购药合同也是衡量养殖主体知觉行为能力的重要变量。本部分采用养殖主体是否签订购药合同的虚拟变量度量养殖主体购药合同行为。

市场因素包括出栏鸡只价格、疫苗价格、抗生素价格、化学药物价格、中药价格、微生态制剂价格、营养保健品价格 7 项指标。

本部分选择受教育程度及养殖年限作为个人特征的度量指标。受教育程度用受教育年限来度量。

养殖特征主要包括品种、规模、经营方式三项指标。在此重点说明经营方式指标。调研肉鸡养殖场主要有三种经营方式：一是"一条龙公司"，该类公司集孵化、饲养、屠宰、加工于一体，资本雄厚，管理水平高，饲养规模庞大，诊疗、用药一般由公司内部自行决定。二是"公司＋农户"养殖场，公司为养殖主体提供鸡苗和兽药，公司在药物使用上拥有决定权。三是个体户养殖场，俗称散户，该类养殖场一般规模较小，该模式下农户拥有完全的兽药使用决定权。前两类组织化程度较高，兽药使用的决定权主要在于公司，将其归并为一类，散户为另外一类，具体见表6-1。

6.3 描述性统计分析

本部分在已选变量的基础上，对所选变量描述性统计分析如表6-2所示。

表6-2 变量的描述性分析情况

类别	变量	总体		白羽		黄羽	
		均值	标准差	均值	标准差	均值	标准差
药物投入	药物总投入	1.39	0.54	1.27	0.46	1.53	0.60
	预防性用药	0.83	0.36	0.75	0.33	0.92	0.37
	治疗性用药	0.56	0.36	0.52	0.31	0.61	0.41
态度	用药预期	23.63	14.55	21.5	12.87	26.16	13.93
	风险偏好	1.42	0.51	1.42	0.52	1.41	0.49
主观规范	药残超标处罚	0.24	0.43	0.44	0.50	0.00	0.00
	减药意愿	0.59	0.49	0.63	0.48	0.54	0.5
	用药记录	0.75	0.44	0.88	0.32	0.58	0.49
知觉行为控制	兽医知识	2.57	0.96	2.73	0.98	2.39	0.91
	疫病感知	0.46	0.5	0.38	0.49	0.54	0.5
	购药合同	0.66	0.47	0.73	0.44	0.57	0.50
市场价格	出栏价格	18.56	10.04	12.01	1.05	26.30	10.40
	疫苗价格	217.05	7.95	212.88	4.19	221.98	8.52
	抗生素价格	968.75	0.00	968.75	0.00	968.75	0.00
	化学药物价格	311.49	11.24	304.18	3.45	320.14	11.12
	中药价格	130.21	6.76	131.22	6.87	129.02	6.45
	微生态制剂价格	48.13	1.44	47.81	1.55	48.51	1.19
	营养保健品价格	11.71	1.56	10.77	0.61	12.83	1.60

（续）

类别	变量	总体		白羽		黄羽	
		均值	标准差	均值	标准差	均值	标准差
个人特征	受教育程度	8.79	3.24	9.60	3.21	7.83	3.03
	养殖年限	10.41	6.97	10.99	6.97	9.71	6.93
养殖特征	规模	4.99	9.58	7.94	11.85	1.50	3.53
	经营方式	0.72	0.45	0.74	0.44	0.69	0.46

数据来源：调研数据整理获得。

1. 药物投入

药物投入在成本投入中占重要位置，预防性用药占药物投入的主要部分。统计结果说明，单只鸡药物总投入占饲养总成本的 5.34%，可见药物投入在各项成本投入中占重要位置。从用药环节上看，预防性用药在药物总投入中占比近六成（0.83 克），这说明，药物投入以预防为主。按照白羽和黄羽的分类来看，黄羽肉鸡单只鸡药物总投入显著高于白羽肉鸡，从用药环节上看，黄羽肉鸡单只鸡预防性用药占药物总投入的比重超过六成（60.13%），同样，黄羽肉鸡用药也以预防为主。

2. 态度

养殖主体对药物的预期普遍较高。334 个肉鸡养殖场的养殖主体认为用药与不用药情况相比，二者死亡率相差 23.63%，这说明养殖主体普遍认为疫病风险对鸡群致死的危害性很大，同时，药物在控制疫病致死率方面具有巨大的作用，养殖主体对药物的预期具有十分积极的评价。

风险偏好得分不高，大多数养殖主体属于风险规避者。由于兽药是风险控制性生产要素，投入受风险偏好的影响，倾向于风险规避的生产者，更倾向于增加药物投入，控制疫病风险。本研究将养殖场（户）主的风险偏好分为三种类型：风险规避者、风险中立者和风险偏好者。为判别饲主属于何种风险类型，本研究设计问题如下："在回答假如肉鸡养殖场暴发球虫病，您选药的标准是：①时间短，费用高；②时间稍长，费用中等；③时间长，费用少。选①将其判别为风险规避者；选②为风险中立者；选

③为风险偏好者。选①的养殖主体有 136 户，占 40.72%；选②的养殖主体有 121 户，占 36.23%；选③的养殖主体有 77 户，占 23.05%。风险偏好项平均得分为 1.42 分，不足 2 分。也就是说，当传染性较高的疾病发生后，大多数养殖主体愿意选择价格昂贵但效果好的药物，力求在短期内控制住疫病风险（表 6 - 3）。

表 6 - 3 养殖主体风险偏好情况

风险偏好	总体		白羽		黄羽	
	样本	占比（%）	样本	占比（%）	样本	占比（%）
风险规避	197	58.98	107	59.12	90	58.82
风险中立	135	40.42	72	39.78	63	41.18
风险偏好	2	0.6	2	1.1	0	0

数据来源：根据调研数据整理获得。

3. 主观规范

处罚力度为禁养的养殖主体不足四分之一。认为药残超标处罚力度为禁养的养殖主体比例为 24%，其中，白羽肉鸡养殖主体占白羽肉鸡养殖场养殖主体总数的 50%，也即一半的白羽肉鸡场药残检测超标处罚力度应该为禁养。大部分肉鸡养殖场均有完整的用药记录，其中拥有完整的用药记录的白羽肉鸡养殖场占比接近 9 成（88%），这说明，大部分肉鸡养殖场基本执行了用药记录。

4. 知觉控制行为

第一，养殖主体兽医知识得分超过平均水平。从总体上看，兽医知识得分为 2.57 分，超过平均水平 2.5 分，特别是白羽肉鸡养殖主体，兽医知识测试得分平均分为 2.73 分，接近 3 分，这说明，养殖主体具有一定程度的专业兽医知识。具体来看（表 6 - 4），对于问题①"加强环境清洁与消毒可以减少大肠杆菌病的发生"回答的正确率为 97.01%，由于加强环境清洁是提高生物安全措施水平的内在要求，这说明，养殖主体对内部生物安全意义具有较高的认识。对于问题②"氟苯尼考是处方药"判断的正确率不足六成（55.59%），也就是说对常用药物处方知识有正确认识的养殖主体不多，这说明肉鸡养殖场养殖主体对处方药和非处方药的认识不足。对于问题③"两种药物联合使用一定比单用一种疗效好"，该问题考察的目的在于养殖主体对药物拮抗作用专业知识的认识，回答正确率不足一半，约有六成养殖主体对药物的拮抗作用仍然存在认识误区。对于问题④"根据用药效果，应随时调整用药剂量"，其设计目标在于考察养殖主体对科学换药的认知，该问题的正确率不足 3 成，这说明，大部分养殖主体对于更换药物的原则缺乏了解。对于问题⑤"中药不需要考虑休药期"的设计目标在于考察养殖主体对休药期的遵守情况，近四成养殖主体回答正确，平均来说，养殖主体对专业兽医知识有一定的了解，但仍需要加强。

表 6-4　兽医知识认知回答正确率

回答正确情况	总体		白羽		黄羽	
	样本	占比（%）	样本	占比（%）	样本	占比（%）
问题①	324	97.01	180	99.45	144	94.12
问题②	187	55.99	104	57.46	83	54.25
问题③	142	42.51	85	46.96	57	37.25
问题④	78	23.35	48	26.52	30	19.61
问题⑤	133	39.82	78	43.09	55	35.95

数据来源：调研数据整理获得。

养殖主体疫病风险感知较高。如表 6-2 所示，当地鸡只发病率在 50% 以上的养殖主体占比为 46%，其中白羽肉鸡养殖主体占白羽肉鸡养殖主体总数的 38%，黄羽肉鸡养殖主体占黄羽肉鸡养殖主体总数的 54%。总的来说，养殖主体疫病风险感知较高。

六成以上的养殖主体签订了用药合同。66% 的养殖主体在药物获得过程中签订了购药合同，其中，白羽肉鸡养殖主体签订购药合同的比例超过七成，可见，通过契约建立稳定的供需关系是普遍采用的购药方式。

5. 市场

出栏价格形势向好。调研肉鸡养殖场的平均出栏价格为 18.56 元/千克，白羽肉鸡出栏均价为 12.01 元/千克，黄羽肉鸡出栏价格为 26.3 元/千克，黄羽肉鸡出栏价格明显高于白羽肉鸡出栏价格。总的来说，2019—2020 年是肉鸡产业市场形势向好的旺年。兽药价格中，价格最高的为抗生素价格，平均为968.75元/千克，最低的为营养保健品价格，平均为11.71元，由于区位因素，不同地区药物价格存在一定的差异。

6. 个人特征

鸡场养殖主体受教育程度较低（表6－5），平均受教育程度不足9年。调研养殖场养殖主体平均受教育程度为8.79年，尚有2个肉鸡养殖场养殖主体没有参加学校教育，占总体比例为0.6%，均为黄羽肉鸡养殖主体；小学文化程度72户，占总体的21.56%，其中，白羽肉鸡22户，黄羽肉鸡50户；初中文化程度场主164户，占总体的49.1%，其中，白羽肉鸡95户，黄羽肉鸡69户；高中文化程度54户，占总体的16.17%，其中，白羽肉鸡31户，黄羽肉鸡23户；大专及本科文化程度41户，占总体的12.57%。其中，白羽肉鸡33户，黄羽肉鸡8户。总体上看，中国肉鸡养殖主体受教育水平较低，相比白羽肉鸡，黄羽肉鸡养殖主体受教育年限更低。

表6－5 不同教育阶段的访谈对象占比

教育阶段	总体		白羽		黄羽	
	样本	占比（%）	样本	占比（%）	样本	占比（%）
文盲	2	0.6	0	0.00	2	1.31
小学	72	21.56	22	12.15	50	32.68
初中	164	49.1	95	52.49	69	45.10
高中	54	16.17	31	17.13	23	15.03
大专及以上	41	12.57	33	18.23	8	5.23

数据来源：根据调研数据整理获得。

养殖主体的养殖年限较长，均具有一定的养殖经验。平均养殖年限10年，最低1年，最高40年。从品种上看，白羽肉鸡平均养殖年限11年，最低1年，最高37年；黄羽肉鸡平均养殖年限10年，最低1年，最高40年，不管白羽肉鸡养殖主体还是黄羽肉鸡养殖主体，均具相当的养殖年限和养殖经验。

7. 养殖特征

白羽肉鸡与黄羽肉鸡生长性能差异明显。调研对象中白羽肉鸡181家，占比54.19%，黄羽肉鸡153家，占比45.81%。品种的差异，决定了生产性能的差异。总的来说，作为外来引进品种的白羽肉鸡，饲养天数较短，平均仅为 45 天，平均料肉比为 1.6，黄羽肉鸡饲养平均天数为 85 天，平均料肉比为 3.1，黄羽肉鸡生产区主要集中在我国南方地区，白羽肉鸡生产区主要集中在我国北方地区。

调研肉鸡养殖场具有一定规模，白羽肉鸡规模明显高于黄羽肉鸡规模。调研肉鸡养殖场平均单批出栏规模均值为 4.99 万只，白羽肉鸡与黄羽肉鸡规模差别较大，白羽肉鸡单批出栏规模为 7.94 万只，而黄羽肉鸡单批出栏规模为 1.5 万只，相差五倍之多，调研肉鸡养殖场个体规模差异较为明显。

以"公司＋农户"类型肉鸡养殖场为主。公司直属肉鸡养殖场 14 家，其中白羽肉鸡养殖场 10 家，黄羽肉鸡养殖场 4 家；"公司＋农户"养殖场 240 家，其中白羽肉鸡养殖场 134 家，黄羽肉鸡养殖场 106 家；个体户肉鸡养殖场 80 家，其中白羽肉鸡养殖场 37 家，黄羽肉鸡养殖场 43 家。从占比上看，72％的肉鸡养殖场采用"公司＋农户"的经营方式，其中选择"公司＋农户"的经营方式的白羽肉鸡养殖场占白羽肉鸡养殖场总数的 74％，选择"公司＋农户"经营方式的黄羽肉鸡养殖场占黄羽肉鸡养殖场总数的 69％。

6.4　模型回归结果分析

6.4.1　药物投入的总体回归结果分析

为避免多重共线性，本研究采用方差膨胀因子法（VIF）进行检验，如果最大的 VIF 大于 10 和平均的 VIF 大于 1，则存在多重共线性。结果说明，所有方程均不存在多重共线性问题，与此同时，BP 检验结果显著，拒绝无同期相关的原假设，因此，可采用 Stata13.0 统计软件进行实证分析。

总体上看，在 1％～10％的显著性水平上，年龄、受教育程度、疫病认知、疫病风险感知、用药预期、经营方式、规模、进场车辆消毒、养殖密度、购药合同、专业兽医、药残超标处罚 12 个变量对药物投入结果均显著。归一化回归结果表明，用药预期（系数为 0.263 0）、鸡只出栏价格

（系数为 0.136 8）是正向影响兽药投入的主要因素；规模（系数为－0.299 4）、营养保健品价格（系数为－0.172 2）是负向影响药物投入主要因素（表6-6）。具体结果分析如下：

表6-6　单只鸡用药总量影响因素回归结果

类别	变量	未归一化回归结果			归一化回归结果		
		系数	t	标准差	系数	t	标准差
态度	用药预期	0.002 2 **	2.07	0.001 1	0.263 0 **	2.07	0.127 3
	风险偏好	0.014 3	0.26	0.055 2	0.008 9	0.26	0.034 5
	药残超标处罚	－0.235 8 ***	－2.71	0.087	－0.073 6 ***	－2.71	0.027 1
主观规范	减药意愿	0.030 4	0.55	0.055 8	0.009 5	0.55	0.017 4
	用药记录	－0.115 8	－1.51	0.076 5	－0.036 1	－1.51	0.023 9
	兽医知识	－0.075 6 ***	－2.83	0.026 7	－0.118 0 ***	－2.83	0.041 6
知觉行为控制	疫病感知	0.042 2	0.75	0.056 3	0.013 2	0.75	0.017 6
	购药合同	0.287 7 ***	3.45	0.083 3	0.089 8 ***	3.45	0.026
市场价格	出栏价格	0.011 5 ***	2.9	0.004	0.136 8 ***	2.9	0.047 2
	疫苗价格	－0.009 7	－0.78	0.012 5	－0.102	－0.78	0.131
	抗生素价格	0.004 2	1.11	0.003 8	0.127 9	1.11	0.115 1
	化学药物价格	0.003 5	0.51	0.006 8	－0.055 5	－0.52	0.107 7
	中药价格	－0.007 5	－1.51	0.005	－0.204 4	－1.51	0.135 8
	微生态制剂价格	0.010 4	0.3	0.034 9	0.019 6	0.3	0.065 3
	营养保健品价格	－0.138 0 ***	－4.81	0.028 7	－0.172 2 ***	－4.81	0.035 8
个人特征	受教育程度	0.013 1	1.33	0.009 8	0.061 2	1.33	0.045 9
	养殖年限	0.005 4	1.41	0.003 9	0.066 1	1.41	0.047
养殖特征	品种	－0.156 8	－1.21	0.129 1	－0.048 9	－1.21	0.040 3
	规模	－0.013 8 ***	－2.89	0.101 6	－0.299 4 ***	－2.89	0.103 6
	经营方式	－0.285 7 ***	－2.81	0.004 8	－0.089 1 ***	－2.81	0.031 7
其他	常数项	0.308 9	0.12	2.599 9	0.726 2	3.99	0.182
	F	8.4			8.4		
	R^2	0.34			0.34		
	RMSE	0.46			0.14		

数据来源：根据Stata计算结果整理，* $P<0.1$，** $P<0.05$，*** $P<0.01$。

态度方面，用药预期在 5% 的显著性水平上对药物投入呈正向影响，这说明，养殖主体对药物的评价越高，越倾向于增加药物投入。其系数说明，养殖主体对投药所带来的每批鸡死亡减损每增加 1 万元，单只鸡药物总投入将增加 0.002 2 元。主观规范方面，药残超标处罚在 1% 的显著性水平上对药物投入呈负向影响，回归系数说明，"药残检测超标将面临禁养处罚"的养殖主体药物投入比并不认为"药残检测超标将面临禁养处罚"的养殖主体单只鸡药物投入减少 0.235 8 元，原因可能在于，认为"药残检测超标将面临禁养处罚"的养殖主体在用药上更为审慎，以减少禁养处罚的风险，这也说明，禁养处罚措施在遏制药物的不规范投入上具有一定作用。近年来，由于节本增效、绿色发展等理念的影响，部分地区加强畜牧业绿色发展的引领，加强了兽药使用的管制与宣传，实施严格的监管措施对滥用药物具有显著的遏制效果。

知觉行为控制方面，兽医知识在 5% 的显著性水平上对药物投入呈负向影响，兽医知识水平越高，药物的投入量越少。回归系数说明，兽医知识每增加 1 个层级，单只鸡药物投入将减少 0.075 6 元，拥有良好兽医知识的养殖主体疫病防控能力也越强，药物投入量也越低；兽医知识越丰富，诊疗就越精准，盲目用药的可能性就越少。购药合同在 1% 的显著性水平上对药物投入影响为正，对治疗性用药投入影响不显著。原因可能在于，养殖主体与药厂签订用药合同，药厂一般给予其赊销优惠，但同时也增加了保底用药合同条款，保底用药条款具有"强迫性"，促使了养殖主体使用药物。

市场因素方面，出栏价格在 1% 的显著性水平上对药物投入成本显著为正，其系数说明，出栏鸡每千克价格提高 1 元，单只鸡药物投入成本将增加 0.011 5 元，也就是说，当市场向好时，养殖主体将更愿意增加药物投入，从经济人的视角看，市场向好意味着养殖主体可以获得更多利润，其对药物这一特殊的生产要素的需求也会增加。营养保健品在 1% 的显著性水平上对药物投入影响显著为负，由于营养保健品价格较为便宜（10元/千克），价格变动幅度较小，因此回归系数应解释为保健品价格每增加0.1，药物投入将减少 0.013 8 元，原因可能在于营养保健品一般与其他药物配伍使用，养殖主体对其他药物需求减少，导致与其配伍的营养保健品同比例减少。

养殖特征方面，养殖规模在1‰的显著性水平上对药物投入量呈负向影响。其系数说明，肉鸡养殖场的养殖规模每增加1万只，单只鸡药物投入将减少0.013 8元。原因可能在于，规模越高，预示着基础设施建设、管理水平越先进，同时也预示着肉鸡养殖场的防疫水平、生物安全措施水平和科学用药水平越高。另外，规模大的肉鸡养殖场，鸡苗质量来源往往更为稳定，鸡群生产性能较好，药物投入也较少。这与Ruchire et al.（2017）、Merel et al.（2016）的研究结论一致。经营方式方面，选择"公司＋农户"的肉鸡养殖场，相对于选择其他经营方式的肉鸡养殖场，单只鸡药物减少0.28元，原因可能在于，相对于其他类型的肉鸡养殖场，公司＋农户类型的肉鸡养殖场组织化程度较高，药物来源渠道较为稳定，养殖主体可以获得更多的防控、诊疗服务，发病率较低，药物的使用也较少，与Ochieng et al.（2017）的研究结果一致。

6.4.2 预防性用药和治疗性用药回归结果分析

具体回归结果见表6-7。

表6-7 同期相关检验

类别		预防性用药	治疗性用药
相关系数矩阵	预防性用药	1	
	治疗性用药	−0.012 6	1
Breusch-Pagan	Breusch-Pagan test of independence	$\chi^2 = 1.145$	$P_r = 0.284\ 6$

数据来源：根据Stata计算结果整理获得。

Breusch-Pagan检验说明，各个扰动项之间"无同期相关"的检验P值为0.817 6，故不能拒绝各方程扰动项相互独立的原假设。因此，本研究将采用SUR回归，并辅之以三阶段OLS回归进行对比，回归结果如下：

由表6-8、表6-9可见，SUR回归和OLS回归结果几乎相同，说明回归结果具有稳健性。鉴于二者回归结果几乎相同，与第五章采用SUR回归理由相同，本部分将选择SUR回归结果分析兽药的主要影响因素。

总体上看，将药物划分为预防性用药和治疗性用药后，分类回归结果说明，用药预期、药残处罚、用药记录、兽医知识、购药合同、出栏价格、疫苗、微生态制剂价格、营养保健品价格、规模、经营方式对预防性用药的投入在 1‰～10‰ 水平上具有显著影响。出栏价格、抗生素价格、微生态制剂价格、营养保健品价格、经营方式在 1‰～10‰ 的显著性水平上对药物投入呈显著的影响。

归一化处理的回归结果表明（表 6 - 9），疫苗价格（系数为 0.316 3）、用药预期（系数为 0.226 1）是正向影响养殖主体投入预防性药物的主要因素；饲养规模（系数为 - 0.205 2）、微生态制剂价格（系数为 - 0.145 8）、兽医知识（-0.103 9）是负向影响预防性药物投入的主要因素。抗生素价格（系数为 0.153）、出栏价格（系数为 0.110 9）、微生态制剂价格（系数为 0.109 3）是正向影响治疗性药物投入的主要因素；饲养规模（系数为-0.212 0）、营养保健品价格（系数为-0.182 1）是负向影响治疗性药物投入的主要因素。具体分析如下：

态度方面，用药预期在 5‰ 的显著性水平上对预防性用药投入呈正向影响，而对治疗性用药影响不显著。这表明，养殖主体对预防性用药减少肉鸡死亡率的评价越高，越倾向于增加预防性用药的投入。从回归系数上看，养殖主体认为药物投入给每批鸡带来的死亡减损每提高 1 个单位，即 1 万元，单只鸡药物投入将增加 0.001 6 元。例如，对于单批出栏 10 万只的肉鸡养殖场，养殖主体对肉鸡养殖场死亡减损每提高 1 万元，单批鸡药物投入成本将增加 1 600 元。这也说明，兽药在控制鸡群死亡率上起着十分重要的作用。

主观规范方面，药残超标处罚与药物投入在 5‰ 的显著性水平上呈负向影响，而对治疗性用药影响不显著。认为"如果药残检测超标将面临禁养"处罚的养殖主体更倾向于少用药物。回归系数说明，认为"药残检测超标将面临禁养"的养殖主体比不认为"药残检测超标将面临禁养"的养殖主体单只鸡少用药 0.142 6 元，原因可能在于，面临严苛的药残处罚措施，养殖主体在药物使用上更加谨慎。调研发现，在药残超标处罚非"禁

表6-8　预防性用药和治疗用药影响因素 SUR 回归结果

类别	变量	Sur				Ols			
		预防	P>t	治疗	P>t	预防	P>t	治疗	P>t
态度	用药预期	0.0016**	0.02	0.0010	0.16	0.0016**	0.03	0.0010	0.17
	风险偏好	-0.0468	0.20	0.0281	0.44	-0.0450	0.23	0.0281	0.46
主观规范	药残超标处罚	-0.1436**	0.01	-0.0379	0.51	-0.1465**	0.01	-0.0379	0.52
	减药意愿	0.0177	0.62	0.0365	0.32	0.0164	0.66	0.0365	0.33
	用药记录	-0.0840*	0.08	-0.0447	0.36	-0.0833*	0.09	-0.0447	0.37
知觉行为控制	兽医知识	-0.0552***	0.00	-0.0246	0.19	-0.0550***	0.00	-0.0246	0.20
	疫病感知	-0.0204	0.58	0.0159	0.66	-0.0178	0.64	0.0159	0.67
	用药合同	0.1953***	0.00	0.0649	0.27	0.1968***	0.00	0.0649	0.28
市场价格	出栏价格	0.0065**	0.02	0.0067**	0.02	0.0064**	0.03	0.0067**	0.02
	疫苗价格	0.0250*	0	—	—	0.0231***	0.00	—	—
	抗生素价格	-0.0035	0.12	0.0036*	0.09	-0.0033	0.16	0.0036*	0.10
	化学药物价格	-0.0051	0.26	-0.0037	0.31	-0.0044	0.34	-0.0037	0.32
	中药价格	-0.0025	0.47	-0.0008	0.80	-0.0027	0.44	-0.0008	0.81
	微生态制剂价格	-0.0646***	0.00	0.0419*	0.05	-0.0628***	0.01	0.0419*	0.06
	营养保健品价格	-0.0384*	0.05	-0.1047***	0.00	-0.0381*	0.06	-0.1047***	0.00

（续）

类别	变量	Sur				Ols			
		预防	$P>t$	治疗	$P>t$	预防	$P>t$	治疗	$P>t$
个人特征	受教育程度	0.007 5	0.23	0.005 6	0.38	0.007 5	0.24	0.005 6	0.39
	养殖年限	0.003 5	0.18	0.001 2	0.64	0.003 5	0.19	0.001 2	0.66
养殖特征	品种	−0.039 8	0.65	−0.121 3	0.18	−0.039 6	0.66	−0.121 3	0.19
	规模	−0.007 8**	0.01	−0.007 0**	0.03	−0.007 8**	0.02	−0.007 0**	0.04
	经营方式	−0.193 2***	0.00	−0.073 8	0.25	−0.194 2***	0.00	−0.073 8	0.27
其他	常数项	4.520 2***	0.00	−2.625 9**	0.07	4.434 6***	0.00	−2.625 9**	0.08
	预防用药	0.27	127.21	0.3		0.31	5.89	0.31	
	治疗用药	0.25	116.81	0.31		0.32	5.78	0.32	

数据来源：调研数据整理 * $P<0.1$，** $P<0.05$，*** $P<0.1$。

表6-9　预防用药和治疗用药影响因素回归结果（归一化回归结果）

类别	变量	Sur				Ols			
		预防	P>z	治疗	P>z	预防	P>z	治疗	P>z
态度	用药预期	0.226 1**	0.02	0.161	0.16	0.223 5***	0.03	0.117 6	0.17
	风险偏好	-0.035 2	0.2	0.024 4	0.44	-0.033 9	0.23	0.024 4	0.46
主观规范	药残超标处罚	-0.054 0**	0.01	-0.016 5	0.51	-0.055 1**	0.01	-0.016 5	0.52
	减药意愿	0.006 7	0.62	0.015 9	0.32	0.006 2	0.66	0.015 9	0.33
	用药记录	-0.031 6*	0.08	-0.019 4	0.36	-0.031 3 *	0.09	-0.019 4	0.37
知觉行为控制	兽医知识	-0.103 9***	0	-0.053 6	0.19	-0.103 4***	0	-0.053 6	0.2
	疫病感知	-0.007 7	0.58	0.006 9	0.66	-0.006 7	0.64	0.006 9	0.67
	用药合同	0.073 5***	0	0.028 2	0.27	0.074 0***	0	0.028 2	0.28
市场价格	出栏价格	0.093 4**	0.02	0.110 9**	0.02	0.092 1**	0.03	0.110 9**	0.02
	疫苗价格	0.316 3***	0	—	—	0.292 6***	0	—	—
	抗生素价格	-0.129 4	0.12	0.153 0*	0.09	-0.121 3	0.16	0.153 0 *	0.1
	化学药物价格	0.097 5	0.26	0.082 9	0.31	0.084 7	0.34	0.082 9	0.32
	中药价格	-0.083 1	0.47	-0.032 4	0.8	-0.090 4	0.44	-0.032 4	0.81
	微生态制剂价格	-0.145 8***	0	0.109 3*	0.05	-0.141 8**	0.01	0.109 3 *	0.06
	营养保健品价格	-0.057 8*	0.05	-0.182 1***	0	-0.057 3 *	0.06	-0.182 1***	0

（续）

类别	变量	Sur 预防	P>z	治疗	P>z	Ols 预防	P>z	治疗	P>z
个人特征	受教育程度	0.042 1	0.23	0.036 7	0.38	0.042 1	0.24	0.036 7	0.39
	养殖年限	0.050 8	0.18	0.020 8	0.64	0.051 4	0.19	0.020 8	0.66
养殖特征	品种	-0.015	0.65	-0.052 7	0.18	-0.014 9	0.66	-0.052 7	0.19
	规模	-0.205 2**	0.01	-0.212 0**	0.03	-0.203 8**	0.02	-0.212 0**	0.04
	经营方式	-0.072 7***	0	-0.032 1	0.25	-0.073 0***	0	-0.032 1	0.27
	常数项	0.388 0***	0.01	0.197 7	0.21	0.406 2***	0.01	0.197 7	0.22
		R^2	χ^2	RMSE		R^2	F	RMSE	
其他	预防性用药	0.27	127.21	0.11		0.27	5.89	0.12	
	治疗性用药	0.25	116.81	0.14		0.26	5.78	0.14	

数据来源：调研数据整理* $P<0.1$，** $P<0.05$，*** $P<0.1$。

养"的地区的养殖主体更愿意投入更多的兽药预防出栏后运输死亡，养殖主体会增加保健预防性用药的投入。而在药残超标面临"禁养"处罚的地区，为避免严苛的用药处罚，企业会更加规范地用药。这也说明，检验检疫是消除肉鸡质量安全隐患的必要手段，是保证养殖主体科学用药的重要保障。

用药记录在5%的显著性水平上对预防性用药投入呈负向影响，对治疗性用药影响不显著。回归系数说明，拥有完整用药记录的肉鸡养殖场比没有完整用药记录的肉鸡养殖场单只鸡药物投入减少0.084元，由于用药记录记载了企业的疫病防控流程、疫病种类、药物种类等事项，是药监、药检机构检查企业是否规范用药的重要凭证，是企业记录鸡群治疗过程的历史资料，也是未来疫病防控和药物投入措施调整的重要参考，可见，用药记录在监督和科学用药方面具有重要功能。

知觉行为控制方面，兽医知识得分在1%的显著性水平对预防性用药投入的影响为负，而对治疗性用药的影响不显著。其系数说明，兽医知识每提高1个等级，预防性用药投入将减少0.055 2元，原因可能是对疫病认知水平越高，越注重疫病的预防，因此更有可能增加药物的投入。特别是对烈性传染病的认知，当养殖主体了解烈性传染病的危害时，更容易通过增加防疫投入控制防范疫病风险，这也体现了具有更高兽医水平的养殖主体"预大于治"的观念更加强烈。

市场因素方面，购药合同在1%的显著性水平上对药物投入影响为正，对治疗性用药投入影响不显著。这说明，签订购药合同的养殖主体更倾向于增加兽药的使用。原因可能在于购药合同的订立，增加了保底用药合同条款，在此强迫下，养殖主体更倾向于增加药物的投入。出栏价格在5%的显著性水平上对预防性用药和治疗性用药的投入均呈正向影响，且每千克出栏鸡只价格增加1元，预防性用药投入将增加0.006 5元，治疗性用药投入将增加0.006 7元，出栏价格是影响企业毛鸡利润的重要影响因素，正如经济理论所预示的那样，产品价格的上升激励养殖主体扩大生产要素的投入，养殖主体在获得更高收益后，会增加兽药的需求，进一步说明了兽药作为特殊的生产要素在养殖业中具有重要的作用。

抗生素价格对预防性用药投入影响不显著，而对于治疗性用药在10％的显著性水平上为正。原因可能在于，抗生素在药物投入中占比接近一半，其中，预防性抗生素投入占药物总投入的四成（40.29％），抗生素的投入主要以治疗为主，疫病发生后，为保障治疗效果及时减损，养殖主体更愿意购买价格高的抗生素。疫苗价格在1％的显著性水平上对药物投入为正，回归系数说明，疫苗价格每增加1元，单只鸡疫苗投入将增加0.025元。原因可能在于，防疫是疫病防控关键的环节，为了保证防疫效果，养殖主体在购买疫苗时，更有可能选择价格昂贵的疫苗，另外随着疫病的不断变异，疫苗也在不断地更新，新疫苗价格往往高于旧疫苗的价格，为保证防疫效果，养殖主体更青睐于新疫苗。

微生态制剂在10％的显著性水平上对预防性用药投入呈负向影响，而在10％的显著性水平上对治疗性用药投入呈正向影响。回归系数说明，微生态制剂价格每增加1元，预防性用药的投入将减少0.06元，原因可能在于，微生态制剂作为预防性用药，常常与其他药物配伍使用，微生态制剂属于预防性用药中的"奢侈品"，需求弹性较大，当价格上涨时，养殖主体为减少其作为预防性用药的使用，进而会减少与其配套药物的使用。另外，部分微生态制剂在治疗上，可以充当部分抗生素的替代品。由于养殖主体多属于疫病风险的规避者，当疫病发生后，更可能选择药物价格昂贵的微生态制剂，以确保治疗效果。营养保健品在10％的显著性水平上对预防性用药投入影响显著为负，在1％的显水平上对治疗性用药的影响为负。由于营养保健品价格较为便宜（10元/千克），价格变动幅度较小，因此回归系数应解释为，营养保健品价格每增加0.1元，单只鸡预防性用药投入将减少0.003 84元，单只鸡治疗性用药投入将减少0.010 47元。主要原因在于营养保健品一般与其他药物配伍使用，当营养保健品价格上涨时，养殖主体不但会减少营养保健品本身使用，也会减少对配伍性药物的使用。

养殖特征方面，规模因素在1％的显著性水平上对预防性用药影响为负，在5％的显著性水平上对治疗性用药影响显著为负，原因可能在于用药量的增加降低了管理成本，其中包括养殖企业面临的药物交易成本。经营模式在 1‰的水平上对预防性用药和治疗性用药均有显著的负向影响。"公司＋农户"类型的经营模式更倾向于少用药物,而农户类型的养殖场倾向于多用药物。原因可能在于,经营方式为农户类型的养殖场,受成本限制,设备更新困难,将药物视为先进设备的替代品,更热衷于使用药物。再者,与"公司＋农户"经营模式的养殖场相比,农户类型的养殖场在管理水平和鸡苗来源上优势欠缺。例如,"公司＋农户"经营模式的养殖场具更注重产品的品质及产业未来的发展,能获得更多疫病防控技术服务,药物使用相对较少。另外,"公司＋农户"养殖场具有更为稳定的鸡苗来源,因交通运输、弱雏导致的疫病风险较小。

6.5　本章小结

本章根据动物健康决定理论、行为控制理论和生产者行为理论,采用似不相关回归探讨了影响养殖主体兽药投入的主要因素,获得如下结论:

第一,归一化回归结果表明,用药预期(系数为 0.263 0)、鸡只出栏价格(系数为 0.136 8)是正向影响兽药投入的主要因素;规模(系数为－0.299 4)、营养保健品价格(系数为－0.172 2)是负向影响药物投入主要因素。从预防性药物和治疗性药物分类看,疫苗价格(系数为 0.316 3)、用药预期(系数为 0.226 1)是正向影响养殖主体投入预防性药物的主要因素;规模(系数为－0.205 2)、微生态制剂价格(系数为－0.145 8)、兽医知识(－0.103 9)是负向影响预防性药物投入的主要因素;抗生素价格(系数为 0.153)、出栏价格(系数为 0.110 9)、微生态制剂价格(系数为 0.109 3)是正向影响治疗性药物投入的主要因素;规模(系数为－0.212 0)、营养保健品价格(系数为－0.182 1)是负向影响治疗性药物的主要因素。

第二,用药预期对药物投入影响为正。用药预期在 5％的显著性水平上对预防性用药投入呈正向影响,而对治疗性用药影响不显著,这说明养殖主体在兽药控制死亡率上具有较大的依赖性,也说明药物使用具有良好的技术效果和经济效果。

第三，药残超标禁养处罚对药物投入影响为负。药残超标禁养处罚在5％的显著性水平上对药物投入具有显著的负向影响。从预防性药物投入和治疗性药物投入的分类看，药残处罚是否为禁养在5％的显著性水平上对预防性药物投入具有显著的负向影响。这说明，药残超标重处罚对降低兽药使用，特别是对预防性兽药投入有显著的效果。

第四，用药记录对药物投入具有负向影响。总体上看，用药记录在10％的显著性水平上对药物投入影响显著为负。从预防性药物投入和治疗性药物投入的分类看，药残处罚在5％的显著性水平上对预防性药物投入影响显著为负，这说明，用药监管措施对减少不规范用药行为具有促进作用。

第五，兽医知识水平对药物投入具有负向影响。兽医知识在1％的显著性水平上对药物投入影响显著为负，从预防性药物投入和治疗性药物投入的分类看，兽医知识在1％的显著性水平上对药物投入影响显著为负，这表明，加强科学用药知识宣传有利于减少药物的投入。

第六，用药合同对药物投入具有正向影响。用药合同在1％的显著性水平上对药物投入影响显著为正，从预防性药物投入和治疗性药物投入分类看，兽药用药合同在1％的显著性水平上对药物投入的影响显著为正，这说明加强合同的监督，降低合同"显失公平"条款有利于降低预防性药物投入。

第七，经营方式对药物投入具有负向影响。经营方式在1％的显著性水平上对预防性药物投入影响显著为负，经营方式为"公司＋农户"的养殖场，或"一条龙"公司养殖场，药物投入特别是预防性药物投入显著低于"农户"类型养殖场，这说明，提升产业化水平有利于减少兽药的使用。

第 7 章　减药路径探讨

尽管本书前面的兽药投入经济效果和技术效果测算结果说明，兽药使用并不过量，但由于兽药残留引起的环境污染和耐药性等负外部性问题在产业中十分突出，肉鸡产业兽药减量是大势所趋。从理论来看，在兽药使用不过量的情况下，单纯依靠行政力量强制减药有可能会给养殖企业带来技术和经济上的损失，顺利实施兽药减量的关键在于寻求适宜的减药路径。有鉴于此，本章将在技术效果和经济效果处于最优的双重约束下，探讨科学用药、生物安全和动物福利三种减药路径的最可能组合，确定最优减药路径。

7.1　减药路径概述

7.1.1　减药路径

发达国家减药实践说明，依靠行政力量强制减药，虽然减药效果明显，但对动物的生长性能可能产生负面影响。例如，瑞典政府实施强制减药政策后，全国养猪业产气荚膜梭菌感染流行，平均每头猪出栏时间推迟 3～4 天，每头猪利润减少 1.03 美元（Robertsson，2009；Kostadinovic，2009）。可见，依靠行政力量强制减药可能会带来诸多难以预料的后果，因此应该从替代性措施方面寻求减药路径。总结起来，替代性措施的减药路径主要有四种，即替代性药物投入、科学用药措施、生物安全措施和动物福利措施。

1. 路径一：替代性药物投入

替代性药物投入是当前主要减药路径之一。一些药物具有共同的临床效果，因此可以互相替代。在生产实践中，利用药物共同临床效果进行互替使用，以避免负外部性影响，是减少某类药物使用的常用方法。例如使用不易产生耐药性的药物替代易产生耐药性的药物，避免耐药性的发生（Affognon，2007；Ilias，2011；Odongo et al.，2014）。人们利用微生态制剂调整肠道动物肠道菌群的作用，将其作为抗生素的替代物，防治某些细菌感染疾病（Connolly，2009；Mead，2000；Kabir et al.，2004；Kostadinvic et al.，2009）。早期瑞典在减少抗生素使用的过程中，大量使用氧化锌等辅助性药物，作为亚治疗性抗生素的替代物，取得一定效果。然而，替代性药物这一减药路径也存在一些不足：一是替代效果有限，并且毒性依然存在。例如植物提取物、微生态制剂等抗菌谱较为狭窄，效果有限，长期使用仍具有一定的毒性。二是替代性药物多处于试验阶段，许多药物临床效果尚待生产实践的验证。三是由于替代性药物处于试验阶段，作为新型的药物，其价格往往较为昂贵，总之，替代性药物的使用存在诸多限制。

2. 路径二：科学用药

科学用药是指通过一系列科学的指导规程，促使疫病诊疗、用药品类、用药剂量、用药成本科学合理。科学用药既包括临床医学科学性，也包括成本收益的科学性。从用药环节上看，科学用药既包括预防环节的科学用药，又包括治疗环节的科学用药。当前研究集中于技术视角和经济视角对科学用药效果评价，研究认为，提升科学用药可以直接减少不合理药物投入剂量，降低药物投入成本（Amanda Brinch Kruse，2018；Gramig et al.，2010；Stacy Sneeringer，2014）。发达国家减药实践也说明，提升科学用药水平这一路径减药效果明显。例如，丹麦启动黄卡监督流程后，饲料中预防性抗生素投入下降70%，而美国在采用危害分析和关键控制点管理体系后（HACCP），促生长剂类药物产品投入下降23%。

3. 路径三：生物安全

生物安全是指一套防治农场内和农场间病原菌传播的管理做法或措施（Little，1984；Sun et al.，2008；Rivas et al.，2012；Gates et al.，2015）。相较于科学用药，生物安全措施主要是一种预防策略。Raasch et al.（2018）从空间视角将生物安全措施划分为内部生物安全措施和外部生物安全措施。内部生物安全措施主要是在动物居住、饮食和活动方面对饲养动物造成病原菌感染因素进行预防和控制的措施。例如饲料霉菌处理、饮水管道消毒等。外部生物安全措施主要是指对农场外部因素造成饲养动物病原菌感染进行预防和控制的措施。例如为防止进场车辆对饲养动物的疫病传播所采取的外部生物安全措施，为防止外来参观人员对肉鸡养殖场污染所采取的限制禁止方案。从目前的文献看，当前的研究主要从成本收益的视角，探讨了药物投入与生物安全投入之间的关系，验证生物安全对减药的作用，研究普遍认为生物安全水平与兽药的投入呈显著的负相关关系（Kouam and Moussala，2018；Merei et al.，2016；Amanda Brinch Kruse，2018；Maria，2018），提高生物安全水平是重要的减药路径。

4. 路径四：动物福利

动物福利定义始于 1979 年英国动物保护委员会制定的《农场动物福利保护》中的 5 项基础要求，其中一项要求指出，动物需要足够的空间设施，以维持其行为自由。动物拥有远离不适，并且拥有一个适当的环境、庇护所和舒适的休息区。Horgan（2007）研究了动物福利对消费的选择，他认为，24％的消费者支持 10％的价格溢价。这表明消费者关心动物福利，愿意为价格溢价。欧盟于 2006 年开启了第一个动物福利保护计划，禁止亚治疗性抗生素在生猪产业中的投入使用。Sumner et al.（2006）对此项保护计划进行了分析，他认为，动物福利促进了鸡只健康水平的提高，减少药物的使用。由于动物福利直接影响产品的质量和安全，消费者对动物福利倾注了较多的关注。

在上述减药路径中，替代性药物存在诸如替代效果差、毒性依然存在、投入成本高、尚处于试验阶段等不足，替代性药物这一减药路径并未被肉鸡养殖场普遍采用。科学用药、生物安全和动物福利三种减药路径因其特有的优势，是目前肉鸡养殖场普遍使用的减药措施。

从当前的研究看，学者们探讨了科学用药、生物安全及动物福利与药物投入的关系，总的研究结论认为：提升科学用药水平、生物安全水平和动物福利水平可以减少药物投入。以往的研究将科学用药、生物安全和动物福利从生产系统中剥离出来，单独探讨三种路径中的某一种路径与药物投入的关系。而在实际生产中，三种路径同时存在于同一个生产系统中，彼此间相互联系。例如，受成本约束，养殖企业提升动物福利水平，生物安全水平可能受到抑制，减药效果可能不理想。撇开路径间关系，单独考察某一种路径与药物投入的关系，结果可能是扭曲的。如果仅从投入与减药路径关系出发讨论减药路径，而不考虑减药后果的约束，可能会降低减药政策的可行性。有鉴于此，本研究将综合考察动物福利、生物安全和科学用药之间的影响，并考虑风险不确定性及减药后果，在此约束下讨论可行的减药路径，为企业的生产实践提供参考。

7.1.2　研究方法

为了以结构化和一致的方式处理不确定性，贝叶斯方法是当前公认的最科学方法之一，其中不确定性用概率关系建模（West and Harrison，1989），是高效的图形化决策工具。特别是，贝叶斯信度网络（BBN，Bayesian Belief Network）及其相关方法是处理人类行为决策中不确定性的有力工具（Yakowitz，1997）。BBN 是一种图形化模型，包含了感兴趣的变量之间的概率关系。贝叶斯信度网络已经成功地应用于各种学科，尤其是人类医学，它开始更多地应用于生态建模（Borsuk et al.，2004）和食物链中的微生物风险评估。最近的研究发展导致了一些综合的 BBN 模型的创建，这些模型结合了与土地和地下水等自然资源管理相关的不同学科的知识（Raziyeh Farmani，2009；Newham，2009；Levontin et al.，2010）。

传统研究变量经济关系的方法主要为回归分析。在回归分析中，解释变量是确定的，而被解释变量是随机的。然而，农场动物生产过程中由于风险的存在，变量本身所处的状态可能是不确定的，以至于变量之间的关系也是不确定的，也就是说，解释变量和被解释变量都是随机的，以至于彼此之间的关系也是随机的，忽视随机性可能会导致某些偏差。例如，对于肉鸡产业而言，由于疫病风险和市场风险的存在，兽药投入、科学用药水平、生物安全水平和动物福利水平本身存在不确定性。在探讨四者之间的关系时，如果忽视变量本身的不确定性，可能会导致减药政策干预效果低下。另外，贝叶斯信度网络不仅有效地结合了定性与定量方法，融合了先验知识与客观证据，还具有直观简便的优势（Chan et al.，2010）。因此，本章采用贝叶斯信度网络（BBN），在考虑疫病风险和市场风险带来的不确定的影响下，讨论药物投入与科学用药、生物安全和动物福利的关系，评价最优的减药路径。

　　本章分为四个部分，第一部分为减药路径概述；第二部分构建BBN 模型，重点在于根据肉鸡养殖场生产系统，构建可视化图；第三部分为描述性统计分析，根据调研数据，对企业成本收益、药物投入、科学用药、生物安全和动物福利的现状开展描述性统计分析；第四部分为 BBN 计算结果分析，探讨最优减药路径；第五部分为本章小结。

7.2　构建 BBN 模型

　　构建一个 BBN 通常需要三步。第一步是开发指示相关变量及其相关关系的图形结构。该步骤为确定模型构建提供基础。从建模的角度来看，这一步需要开发一个概念模型来识别感兴趣的变量，并假设它们之间的因果关系。第二步是条件关系的量化。第三步是建立能够可视化定量关系的图形模型。下面将更详细地解释这些步骤。

7.2.1　BBN 模型的构建

1. 贝叶斯信度网络的优越性

较之于频率学派的评估方法，贝叶斯信度网络是研究相关决策不确定性的有力工具。它具有两方面的特点：一是在信息不完备的情况下，对相关变量的概率分布做推断，对未知情况做出预测。二是在小样本的情况下，该方法更具优越性。

2. 贝叶斯信度网络的定义

贝叶斯信度网络，又称信度网络，是将概率论和图论知识结合起来，利用有向无环图（Directed Acylic Graph，DAG）来表示变量之间的概率关系。贝叶斯信度网络中的每个节点表示一个随机变量，箭头始端节点称为"父节点"，箭头指向的节点称为"子节点"，表示由"因"导"果"。假设贝叶斯信度网络中节点集为：$V = V_1, V_2, \cdots, V_n$，贝叶斯信度网络可以表示成二元组，$N = (G, \theta)$，其中：$G = \langle V, E \rangle$ 表示节点关系的有向无环图，$\theta = \langle \theta_1, \theta_2, \cdots, \theta_n \rangle$ 表示每个节点 V_i 在其父节点 $P_a(X_i)$ 的条件下的条件概率（Conditional Probability），也被称为贝叶斯信度网络参数。通过网络参数学习、网络结构学习可进行可靠性分析。

3. 贝叶斯信度网络结构的构建

为获得有效的贝叶斯信度网络，在构建贝叶斯信度网络时，既要根据实际情况又要考虑信息论中结构学习的相关原则。结构学习的核心是构建节点间的有向无环图，构建方法有专家知识构建法和数据学习构建法。由于贝叶斯信度网络结构空间的大小随着节点的数目以及节点的状态呈现指数增长，如果结构较为复杂，计算节点的条件概率将十分困难，这一问题被称为 NP 难题，应用中需要简化网络结构。

4. 节点边缘概率的确定

确定节点的边缘概率分布是利用贝叶斯信度网络进行可靠性分析的前提，信度网络各节点的边缘概率分布是通过网络参数学习获得的。其过程可以理解为通过先验概率计算后验概率。具体步骤为：将节点划分为"非常低""低""中""高""非常高"5 个级别，对各节点先验概率进行评估，取平均值，确定各节点的先验概率分布，然后将调研的样本作为序列，也即训练样本输入，逐步修正先验证概率，最终获得各节点的后验概率即边缘概率。在给定网络结构的基础上，通过贝叶斯估计方

法，在给定父节点某种证据状态下，可以计算子节点的条件概率，即为
目标概率。

5. 药物投入 BBN 可视化图构建

药物的投入水平受诸多因素的制约，且各因素之间关系存在不确定
性，忽视这些不确定性可能导致减药路径效果不佳。例如，不考虑动物福
利水平、生物安全水平和科学用药水平，强行减少药物投入，可能会增加
疫病风险，损害企业的技术效果。而提高动物福利水平、生物安全水平和
科学用药水平会增加单只鸡饲养成本，经济效果可能会下降。因此，养殖
主体在选择减药方案时，既要考虑其对企业技术效果的影响，又要考虑其
对经济效果的影响（Chambers，1988）。基于此，为综合考虑不同用药投
入水平在动物福利、生物安全和科学用药方面的制约，可构建一个贝叶斯
信度网络（Beyesian Belief Network，BBN），综合评价减药路径的可
行性。

从人与动物的关系方面，养殖主体在决定药物投入的时候，会考
虑多方面的后果。药物投入首先会对鸡群日增重、料肉比、死亡率、
出栏体重产生直接的影响，这些指标反映了鸡群的生产性能，本研究
将这些可以直接量化的指标称之为显变量。而药物投入作为特殊的生产
的要素，受动物福利、生物安全水平和科学用药水平的影响，这些措施
又会对设备折旧、饲料成本、劳动力成本、能源成本构成直接影响，成
本的变化反映了农场生产水平的变化，本研究同样可以将这些可以直接
量化的指标称之为显变量。由于生产系统的复杂性和不确定性，最终可
以将药物投入产生的后果归结为两大效果，即技术效果（Fels－Klerx，
2011）和经济效果（Bester et al.，2010），由于这两大效果无法直接量
化，本研究将其称为潜变量。技术效果主要表现为用药水平、日增重、
料肉比、死亡率和出栏体重。经济效果主要表现为收益、利润、生物安
全水平、动物福利水平和科学用药水平等。据此，建立图形结构如
图 7－1。

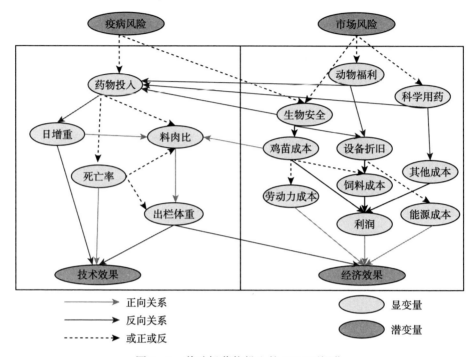

图 7-1　养殖场药物投入的 BBN 可视化

7.2.2　条件关系的量化

1. 经济效果与技术效果验证性因子分析

验证性因子得分。为进一步确定技术效果和经济效果两个潜在变量，本研究采用验证性因子分析方法，对技术效果和经济效果两个潜变量进行验证，同时将因子得分作为其代理变量。因子分析的方程为 $F_i = \beta'_i X_i + \varepsilon_i$，$F_i$ 表示构造的因子，即潜变量，X_i 表示 i 组显变量的观测值，ε_i 被假定为白噪声，$\hat{F}_i = \hat{\beta}'_i X_i$，$\hat{\beta}_i$ 为在显变量观测值的情况下估计出的参数，在已知样本观测值的情况下，$\hat{F}_i$ 为估计出的潜在因子。本研究将按方差贡献率保留前两个因子，将因子得分作为潜在因子的代理变量，考虑到两个潜在因素之间可能存在的相关性，采用旋转因子负载来解释因子，使用 Stata 13.0 统计包进行分析和计算。

2. 节点属性设置

按照贝叶斯定理，在贝叶斯信度网络中，父节点概率分布与子节点概率分布可以互推，既可以根据父节点的概率推断子节点的概率分布，也可以根据子节点的概率推断父节点的概率分布。因此，编制 BBN 时，根据 CPTS（Conditional Probability Table States）中的值，可以通过显变量概率分布，推断潜变量的概率分布，反之亦然。

3. 离散化问题

由于 BBN 方法通常使用变量的离散状态，而概念模型中的变量是连续的，因此所选择的变量需要被离散为表示间隔的级别。为此，本研究将各变量离散为五等级的区间。对于所选的所有变量，使用数据集，将变量按照五分之一的等宽距离散为五个间隔，这些间隔随后分别表示为"非常低""低""中""高""非常高"。

7.2.3 BBN 模型的运行

为了分析 BBN 模型的行为，本研究通过"逐个"改变所有显变量的证据水平，多次运行，以考察显变量与潜变量之间的影响关系。例如，通过同时改变动物福利、生物安全和科学用药以及药物投入四个显变量的证据水平来运行该模型，考察其对技术效果和经济效果的作用。再次通过改变潜变量的证据水平，考察其对动物福利、生物安全和科学用药以及药物投入四个显变量的影响。研究只探索极端的证据水平，捕捉可能结果。

7.3 描述性统计分析

7.3.1 技术效果与经济效果

正如可视化图所示，本研究假定两个潜变量为技术效果和经济效果。一方面，本研究将出栏体重、日增重、死亡率、料肉比四个变量作为代表鸡只生长的技术效果指标，分析其现状。另一方面，将鸡苗成本、饲料成本、设备折旧、劳动力成本、能源成本、其他成本及利润作为代表养殖场的经济效果的指标，分析其现状。另外，考虑到品种的差异，调研养殖场按照白羽和黄羽两大品种进行分类，统计结果见表 7 - 1。

表7-1 技术效果和经济效果代表性指标描述性分析

类别	变量	总体				白羽				黄羽			
		均值	最小值	最大值	标准差	均值	最小值	最大值	标准差	均值	最小值	最大值	标准差
技术效果	出栏体重（斤*/只）	4.7	2.6	6.5	0.85	5.09	2.6	6.3	0.78	4.23	2.8	6.5	0.67
	日增重（克/只）	41.48	13.64	71.43	19.83	57.12	21.67	71.43	12.32	22.97	13.64	42.19	6.75
	料肉比	2.32	1.3	4.2	0.81	1.67	1.3	2.17	0.16	3.1	2	4.2	0.55
	死亡率（%）	0.06	0	0.2	0.03	0.04	0.01	0.2	0.03	0.07	0	0.2	0.04
经济效果	鸡苗成本（元/只）	5.08	1.2	10.5	2.43	6.06	1.2	10.5	2.8	3.93	1.4	8	1.05
	饲料成本（元/只）	16.47	7.85	36.17	5.24	13.21	7.85	22.67	2.88	20.34	11	36.17	4.75
	设备折旧（元/只）	0.6	0.02	4.6	0.57	0.41	0.02	2.78	0.32	0.82	0.05	4.6	0.72
	能源成本（元/只）	0.51	0	2.6	0.31	0.59	0.1	1.5	0.27	0.41	0	2.6	0.34
	劳动力成本（元/只）	1.72	0.07	12	2.07	0.68	0.07	3.31	0.57	2.94	0.34	12	2.49
	其他成本（元/只）	0.32	0.03	1.83	0.22	0.33	0.03	1.83	0.25	0.32	0.07	1.21	0.18
	利润（元/只）	16.95	-1.05	66.52	18.14	8.1	0.58	21.88	3.82	27.41	-1.05	66.52	22.36

数据来源：根据调研数据整理获得。

* 斤为非法定计量单位，1斤=500克，下同。

不同肉鸡养殖场技术效果差别明显。在技术效果栏中，不同养殖场的出栏体重、日增重、料肉比、死亡率差异较大，特别是日增重，最大值与最小值之间相差近 60 克，从品种上看，白羽肉鸡差别明显高于黄羽肉鸡的出栏体重差别；料肉比的差别也十分明显，最小值与最大值相差 3 倍之多，白羽肉鸡料肉比明显高于黄羽肉鸡；平均死亡率较高，超过 5%，并且差别也十分明显，最低死亡率与最高死亡率相差 20%。

肉鸡养殖场经济效果表现良好。总体上单只鸡平均成本为 24.7 元，单只鸡平均利润为 16.95 元，调研地区市场形势较好。从品种上看，黄羽肉鸡养殖场经济效果表现更优，单只鸡平均利润为 27.41 元，较之于白羽肉鸡，市场形势更佳。

7.3.2 兽药使用现状

按照用药环节和用药目标，本研究将药物投入划分为药物总投入、预防性用药投入和治疗性用药投入。其中，药物总投入为预防性用药投入与治疗性用药投入之和。在药物投入量上，择取药物投入的经济价值标准，药物投入的具体情况见表 7-2。药物投入在各项成本中占重要位置，其中，预防性用药投入占六成以上。单只鸡药物投入平均成本为 1.39 元，药物投入成本在各项成本中排名第四位（与表 7-1 比较），即药物投入成本仅次于劳动力成本。不同肉鸡养殖场，药物投入成本差异较大，个别肉鸡养殖场药物投入成本仅为 0.17 元，而用药最多的肉鸡养殖场药物投入达 3.31 元。从用药目标上看，预防性用药投入显著高于治疗性用药投入，调研肉鸡养殖场用药以预防用药为主。

表 7-2 药物投入的描述性统计分析

变 量	总体				白羽				黄羽			
	均值	最小值	最大值	标准差	均值	最小值	最大值	标准差	均值	最小值	最大值	标准差
药物投入（元/只）	1.39	0.17	3.31	0.54	1.27	0.17	2.85	0.46	1.53	0.5	3.31	0.6
预防药物投入（元/只）	0.83	0.05	2.71	0.36	0.75	0.05	2.24	0.33	0.92	0.3	2.71	0.37
治疗药物投入（元/只）	0.57	0.03	2.3	0.36	0.53	0.03	1.7	0.31	0.61	0.1	2.3	0.41

数据来源：根据调研数据整理获得。

7.3.3 科学用药现状

本研究将科学用药水平指标划分为三方面，即专业兽医知识、过量危害认知和临床用药操作，其中前两项为打分项。专业兽医知识主要考察养殖主体对相关兽医知识的了解情况，采用判断方法，养殖主体回答正确获得1分，共5道题，总分为5分。题目设计为：①加强环境清洁与消毒可以减少大肠杆菌病的发生；②氟苯尼考是处方药；③两种药物联合使用一定比单用一种疗效好；④根据用药效果，应随时调整用药剂量；⑤中药不需要考虑休药期。过量危害认知包括：①过量用药可能会诱发鸡群产生耐药性；②过量用药可能会减缓鸡群生长速度；③过量用药可能会提高鸡群的死亡率；④过量用药可能会导致鸡肉药物残留；⑤过量用药可能会导致环境污染。临床用药操作主要考察养殖主体兽医临床实践能力，该项目采用包括5项科学用药操作方面内容，具体为：①是否聘请专业兽医指导；②购药时是否开具处方；③是否有完整的用药记录；④养殖场人员是否参加专业兽医培训；⑤是否实施药敏试验。

总体来看，养殖场科学用药水平表现不佳。如表7-3所示，专业兽医知识方面，在专业兽医知识5项指标中，除了环境清洁，其他项回答的正确率均不足60%，特别是换药原则选项，回答的正确率仅为23.35%，并且黄羽肉鸡养殖主体对此项回答的正确率不足20%；过量危害认知方面，除了耐药性和鸡肉药残方面的正确率超过60%，其他三项回答的正确率均不足50%，其中，过量用药可能导致死亡的正确率不足6%，白羽肉鸡

表7-3 科学用药水平指标描述性统计

类别	变量	总体		白羽		黄羽	
		样本	正确率（%）	样本	正确率（%）	样本	正确率（%）
专业兽医知识	环境清洁	324	97.01	180	53.89	144	94.12
	处方药	187	55.99	104	31.14	83	54.25
	联合用药	142	42.51	85	25.45	57	37.25
	换药原则	78	23.35	48	14.37	30	19.61
	中药使用	133	39.82	78	23.35	55	35.95

（续）

类别	变量	总体		白羽		黄羽	
		样本	正确率（%）	样本	正确率（%）	样本	正确率（%）
过量危害认知	耐药性	244	73.05	132	72.93	112	73.2
	减缓长速	110	32.93	78	43.09	32	20.92
	导致死亡	20	5.99	9	4.97	11	7.19
	鸡肉药残	223	66.77	138	76.24	85	55.56
	环境污染	164	49.1	108	59.67	56	36.6
临床用药操作	兽医指导	81	24.25	55	30.39	26	16.99
	开具处方	90	26.95	43	23.76	47	30.72
	用药记录	249	74.55	160	88.4	89	58.17
	专业培训	82	24.55	61	33.7	21	13.73
	药敏试验	132	39.52	90	49.72	42	27.45

数据来源：根据调研数据整理获得。

养殖主体对此项回答的正确率不足 5%。临床用药操作方面，除了用药记录，其余四项措施的采用率均不足 40%。兽医指导、开具处方和专业培训三项措施的采用率不足 30%，仅有 13.73% 的养殖场场内人员参加过专业培训。

7.3.4　生物安全现状

根据动物经济学相关理论，并在已有文献的基础上，本研究将养殖场生物安全划分为 14 项，其中选择项 10 项，非选择项 4 项。选择项包括：①是否安装水线；②是否使用深井水；③是否定期进行环境病原菌测试；④是否建造污水沉淀池；⑤是否装有防鼠设施；⑥是否安装防鸟设施；⑦是否谢绝外人参观；⑧是否对入场车辆进行消毒；⑨是否对病死鸡采用无害化处理；⑩是否在鸡舍内安装空气质量检测仪。非选择项包括：⑪距村庄的距离；⑫养殖场密度；⑬消毒剂投入；⑭空栏期天数。

选择项方面，水线、饮用水、防鼠、外人参观、车辆消毒五项表现较好。由表 7-4 可见，饮水方面，选择深井水的养殖主体高达 82.63%，其中白羽肉鸡饲养场选用深井水的养殖场超过九成（90.61%）。而在空气质量检测、病原菌检测、污水沉淀池、防鸟、病死鸡处理方面表现较差，其中仅有14.97%的养殖主体选择安装空气质量检测仪，黄羽肉鸡养殖场安装空气质量检测仪的养殖场不足1%。非选择项方面，养殖场间的距离项表现较好。调研养殖场与其最近养殖场平均距离为2.45千米，养殖场距离较远，大大降低了疫病的传播风险。

表 7 - 4　334 个养殖场生物安全实施情况

类别	变量	总体		白羽		黄羽	
		选择比例（%）	样本	选择比例（%）	样本	选择比例（%）	样本
选择项	水线	64.37	215	100	181	22.22	34
	深井水	82.63	276	90.61	164	73.2	112
	空气检测仪	14.97	50	27.07	49	0.65	1
	病原菌测试	27.84	93	35.91	65	18.3	28
	污水沉淀池	38.92	130	60.22	109	13.73	21
	防鼠设施	73.35	245	72.93	132	73.86	113
	防鸟设施	22.16	74	25.97	47	17.65	27
	谢绝外人参观	70.06	234	83.98	152	53.59	82
	进出车辆消毒	60.18	201	70.72	128	47.71	73
非选择项	病死鸡处理	31.14	104	53.59	97	4.58	7
	距村庄距离（千米）	4.46	2.07	5.11	4.34	3.68	3.59
	养殖场距离（千米）	2.45	3	2.23	2.52	2.7	3.48
	消毒剂投入（元/只）	0.048	0.032	0.049	0.035	0.047	0.03
	空栏期（天）	23.76	14.2	19.88	12.35	28.35	14.9

数据来源：根据调研数据整理获得。

7.3.5　动物福利现状

根据1979年英国动物保护委员会制定的《农场动物福利保护》中的5项基础要求。本研究将动物福利措施划分为8项，其中5项为选择项，另外3项为非选择项。选择项为：是否实现通风控温设施自动化、是否实现水线自动化、是否实现料线自动化、是否投喂自配料、是否非笼养 5 项措施。非选择项为鸡位成本、饲养密度、生长天数 3 项指标。鸡位成本为单只鸡空间投入成本，单位为元/只，饲养密度为单位面积容纳的鸡只数，单位为只/平方米，生长天数为单只鸡饲养天数。

　　从选择项方面看，动物福利水平表现较好。如表 7-5 所示，实现通风控温自动化、水线自动化、料线自动化、选用自配料以及实行非笼养的比例约为 50%，也即约为一半的鸡场实现了非选择项。从非选择项看，动物福利表现较好。单只鸡设备投入为 27.51 元，超过单只鸡饲养成本（26.09 元）；饲养密度为 0.11 平方米/只（9.1 只/平方米），其中，白羽肉鸡 0.1 平方米/只（10 只/平方米），略低于丹麦白羽肉鸡饲养场［0.11 平方米/只（9 只/平方米）］（Brockötter，2013）；我国肉鸡平均饲养天数为 69.48 天，而美国则为 45 天（Sneeringer，2015），丹麦则为 49~56 天（Adam，2019；Carrique-Mas et al.，2019），相较而言，在非选择项方面的动物福利我国明显高于美国。

表 7-5　动物福利指标描述性分析

类别	变量	总体		白羽		黄羽	
		选择比例（%）	样本	选择比例（%）	样本	选择比例（%）	样本
选择项	通风控温	50.00	167	77.35	140	17.65	27
	水线	46.71	156	70.72	128	18.30	28
	料线	46.71	156	70.72	128	18.30	28
	自配料	55.39	185	19.89	36	97.39	149
	非笼养	44.61	149	80.11	145	2.61	4
非选择项	鸡位成本（元/只）	27.51	20.87	30.25	18.31	24.26	23.18
	饲养密度（平方米/只）	0.11	0.04	0.1	0.02	0.12	0.04
	生长天数（天）	69.48	29.47	46.15	6.4	97.07	20.97

数据来源：调研数据整理获得。

7.3.6　科学用药、生物安全和动物福利综合指标计算

　　为获得科学用药、生物安全和动物福利水平度量变量，本研究采用归

一化方法和权值因子判断表法，在二级指标的基础上，通过权重计算，获得科学用药、生物安全和动物福利的一级指标。在此，需要解决两个问题：一个是量纲问题，二是各二级指标权重的确定问题。对于第一个问题，本研究采取归一化（Normalization）方法，在消除各二级指标的量纲的同时将指标压缩在（0，1）的范围内。

权重确定方法主要有两种，即主观评价法和客观权重法。主观评价法是指相关专业人员根据主观认知对各个指标进行评价，如德尔菲法、专家咨询法等；客观权重法有多种，总结起来看，客观评价法可以归结为根据指标的变差确定权重的方法，主要有主成分法、熵值法等。从实际生产经营情况看，肉鸡药物使用涉及较多专业问题，如果仅从变差出发，确定权重，就会存在较大偏差，基于此，本研究采用主观权重评价法。经考量，本研究认为，权值因子分析表法（Weight factor analysis table）是最为合适的方法。

权值因子分析表法是指由评价人员组成评价的专家组，由专家组制定和填写权值因子判断表，然后根据各位专家所填权值因子判断表来确定权重值的方法。具体步骤为：一是确定专家组成员；二是制订评价指标因子判断表；三是专家填写权值因子判断表；四是对各位专家所填权值因子判断表进行统计，计算每一行评价指标得分值，求评价指标平均分值。为更加科学全面地评价药物的使用，本研究将专家组成员选定为养殖主体、饲养技术人员、专业兽医、禽类疫病研究人员、畜牧兽医站人员共5类，各占20%的比例，按地区和品种制定权值因子判断表45份，对动物福利、生物安全措施和科学用药各项指标相对重要程度进行打分。采用4分制将指标重要程度划分为5个层级，即指标A远比指标B重要，打4分，指标A比指标B重要，打3分，指标A和指标B同等重要，打2分，指标A没有指标B重要，打1分，指标A远没有指标B重要，打0分。

为获得生物安全、动物福利和科学用药水平度量变量，本研究采用归一化方法和权值因子分析表法，在二级指标的基础上，通过权重，获得动物福利、生物安全和科学用药的一级指标。计算结果表明，生物安全和动物福利表现较好（表7-6），科学用药、生物安全和动物福利综合指标的均值均在0.4~0.8，其中，生物安全超过0.7，动物福利接近0.7。

表 7-6　生物安全、动物福利和科学用药综合指标

类别	变量	均值	标准差	最小值	最大值
总体	科学用药	0.44	0.16	0.08	1.00
	生物安全	0.72	0.10	0.36	1.00
	动物福利	0.67	0.16	0.23	1.06
白羽	科学用药	0.44	0.16	0.08	1.00
	生物安全	0.77	0.09	0.54	1.00
	动物福利	0.75	0.12	0.34	1.00
黄羽	科学用药	0.49	0.17	0.16	1.00
	生物安全	0.67	0.09	0.36	0.87
	动物福利	0.58	0.15	0.23	0.94

数据来源：根据调研数据整理获得。

为进一步分析科学用药、生物安全和动物福利水平的状况，本研究将其划分为五个区间 [0，0.2]，(0.2，0.4]，(0.4，0.6]，(0.6，0.8]，(0.8，1]，各区间的样本量及占比如表 7-7 所示，总体来看，科学用药集中于 (0.2，0.4] 和 (0.4，0.6] 两个区间，占比为 82.62%，调研鸡场科学用药水平主要表现为中下水平。同理，生物安全水平集中于 (0.6，0.8] 和 (0.8，0.1] 两个区间，其中，超过一半样本的生物安全水平集中于 (0.6，0.8] 这个区间上，表明调研鸡场的生物安全水平表现良好。动物福利水平集中于 (0.4，0.6]、(0.6，0.8]、(0.8，1] 三个区间的样本超过 90%，其中，超过 40% 的样本的动物福利水平集中于 (0.6，0.8] 这个区间上，可见调研鸡场动物福利水平较高。

表 7-7　不同区间科学用药、生物安全和动物福利综合指标的样本及占比

类别	变量	[0，0.2] 样本（个）	[0，0.2] 占比（%）	(0.2，0.4] 样本（个）	(0.2，0.4] 占比（%）	(0.4，0.6] 样本（个）	(0.4，0.6] 占比（%）	(0.6，0.8] 样本（个）	(0.6，0.8] 占比（%）	(0.8，1] 样本（个）	(0.8，1] 占比（%）
总体	科学用药	17	5.09	146	43.7	130	38.92	37	11.08	4	1.2
	生物安全	0	0	1	0.3	43	12.87	204	61.08	86	25.75
	动物福利	0	0	18	5.39	91	27.25	134	40.12	91	27.25

（续）

类别	变量	[0, 0.2]		(0.2, 0.4]		(0.4, 0.6]		(0.6, 0.8]		(0.8, 1]	
		样本(个)	占比(%)	样本(个)	占比(%)	样本(个)	占比(%)	样本(个)	占比(%)	样本(个)	占比(%)
白羽	科学用药	6	3.31	63	34.8	72	39.78	36	19.89	4	2.21
	生物安全	0	0	0	0	8	4.42	97	53.59	76	41.99
	动物福利	0	0	2	1.1	19	10.5	87	48.07	73	40.33
黄羽	科学用药	11	7.19	83	54.2	58	37.91	1	0.65	0	0
	生物安全	0	0	1	0.65	35	22.88	107	69.93	10	6.54
	动物福利	0	0	16	10.5	72	47.06	47	30.72	18	11.76

数据来源：根据调研数据整理获得。

7.3.7 变量的关键特征

由表7-8可知，基于BBN可视化图的假设，对图中变量进行相关性分析，由表7-8可知，所选变量的相关矩阵几个关键特征如下：①动物福利、生物安全和科学用药作为关键考察因素与药物投入存在弱负相关，验证了减药路径的可行性；②药物投入与利润存在显著的正相关关系（$P = 0.37$），验证了药物投入对经济效果具有显著正向影响；③科学用药、生物安全和动物福利与日增重存在显著的正相关（$P = 0.339$；$P = 0.369$；$P = 0.49$），与死亡率呈负相关关系（$P = -0.251$；$P = -0.212$；$p = -0.26$），验证了减药路径对技术效果具有正向影响；④科学用药、生物安全和动物福利对利润存在显著的负向关系，也即减药路径对经济效果可能具有负向影响，以上关键特征将为简化BBN结构提供基础。

验证性因子分析后，我们进行斜向旋转，以深入了解这些因子的性质，因子分析发现（表7-9）：①药物投入水平和减药路径会对两个潜在因子产生影响；②因子 F_1 主要由出栏体重、日增重、料肉比组成，F_1 因子在日增重上的载荷达到0.9以上，并且与日增重呈正向变动关系，与料肉比呈反向变动关系，这可能意味着，因子 F_1 受生长性能影响较大，表明将 F_1 解释为技术效果的合理性；③因子 F_2 在药物投入、死亡率、饲料成本、劳动力成本以及利润上的载荷较高，进一步验证了 F_2 解释为经济

表 7 - 8　变量相关性分析

变量	药物投入	科学用药	生物安全	动物福利	出栏体重	日增重	料肉比	死亡率	鸡苗投入	饲料投入	设备折旧	能源投入	劳动力投入	其他投入	利润
药物投入	1														
科学用药	-0.334	1													
生物安全	-0.111	0.338	1												
动物福利	-0.022	0.124	0.134	1											
出栏体重	-0.027	0.183	0.189	0.328	1										
日增重	-0.242	0.339	0.369	0.490	0.790	1									
料肉比	0.22	-0.279	-0.398	-0.556	-0.553	-0.878	1								
死亡率	0.335	-0.251	-0.212	-0.260	-0.100	-0.397	0.463	1							
鸡苗投入	-0.147	0.044	0.163	0.266	0.399	0.549	-0.434	-0.07	1						
饲料投入	0.251	-0.252	-0.358	-0.399	-0.035	-0.548	0.797	0.396	-0.356	1					
设备折旧	0.052	-0.03	-0.161	0.135	-0.204	-0.308	0.302	0.174	-0.168	0.252	1				
能源投入	-0.049	0.097	0.037	0.225	0.236	0.321	-0.240	-0.159	0.263	-0.119	-0.065	1			
劳动力投入	0.248	-0.299	-0.301	-0.248	-0.272	-0.528	0.541	0.494	-0.291	0.416	0.383	-0.306	1		
其他投入	-0.048	-0.089	0.01	-0.023	-0.128	-0.028	-0.027	-0.052	-0.057	-0.088	0.051	0.111	-0.04	1	
利润	0.372	-0.231	-0.283	-0.209	-0.133	-0.462	0.484	0.415	-0.273	0.365	0.078	-0.219	0.458	-0.118	1

数据来源：根据 Stata 计算结果整理获得。

效果反向因子的合理性。两因子累积贡献率为0.61，我们将因子得分作为两因子的度量值，为后续分析做准备。验证性因子分析为进一步优化BBN结构提供了参考。

表7-9　总体养殖场技术效果和经济效果两个潜在因素的验证性因子载荷

因子	药物投入	科学用药	生物安全	动物福利	出栏体重	日增重	料肉比	死亡率
因子 $F1$	0.03	0.15	0.28	0.59	0.82	0.9	-0.79	-0.19
因子 $F2$	0.65	-0.51	-0.43	-0.1	0.14	-0.33	0.47	0.69

因子	鸡苗投入	饲料投入	设备折旧	能源投入	劳动力投入	其他投入	利润
因子 $F1$	0.66	-0.44	-0.29	0.41	-0.45	-0.17	-0.27
因子 $F2$	-0.04	0.6	0.19	-0.08	0.58	-0.25	0.65

数据来源：根据 Stata 计算结果整理获得。

7.4　BBN 计算结果分析

7.4.1　关键变量离散化结果

由于本研究重点考察药物投入、科学用药、生物安全、动物福利、技术效果、经济效果6个变量之间的关系，将6个变量按照五等分等宽距离散为五个间隔，这些间隔离散化后分别表示"非常低""低""平均""高""非常高"五种水平。对药物投入水平进行离散化后，处于"非常低""低""平均""高""非常高"的状态对应的药物投入成本分别为（0，0.58]、（0.59，1.11]、（1.11，1.64]、（1.64，2.17]、（2.18，3.31]。由于科学用药、生物安全、动物福利、技术效果、经济效果均为无量纲化指标，因此离散化后仍不含量纲，离散化后的结果见表7-10。

表7-10　关键变量离散化结果

	非常低	低	中	高	非常高
药物投入（元/只）	(0, 0.58]	(0.59, 1.11]	(1.12, 1.64]	(1.65, 2.17]	(2.18, 3.31]
科学用药	(0, 0.34]	(0.34, 0.5]	(0.5, 0.66]	(0.66, 0.94]	(0.94, 1]
生物安全	(0, 0.49]	(0.49, 0.61]	(0.61, 0.73]	(0.73, 0.86]	(0.86, 1]

（续）

	非常低	低	中	高	非常高
动物福利	(0, 0.39]	(0.39, 0.56]	(0.56, 0.72]	(0.72, 0.89]	(0.89, 1]
技术效果	(−2.03, −1.23]	(−1.23, −0.43]	(−0.43, 0.38]	(0.38, 1.18]	(1.18, 1.99]
经济效果	(−2.62, −1.36]	(−1.36, −0.1]	(−0.1, 1.15]	(1.15, 2.41]	(2.41, 3.7]

数据来源：根据 GENNLE 计算结果整理获得。

7.4.2 药物投入处于不同水平两因子表现

在 BBN 模型中将科学用药、生物安全和动物福利三种减药路径确定为平均水平（其平均值分别为 0.44、0.72、0.67），同时药物投入分别处于"非常低""低""中""高""非常高"五种水平时，考察技术效果和经济效果的变化。

BBN 模型计算如表 7-11 所示，技术效果处于"高"的概率最大，最大概率变化范围为 27.02%～29.12%，由于"非常高"也是可接受状态，在此考察"高"和"非常高"的概率变化情况，此时"高"和"非常高"的概率总和变化范围为 43.38%～45.06%；经济效果处于"低"概率最大，概率变化范围为 41.21%～48.75%。由此可见，药物投入与三种路径组合后的技术效果和经济效果处于较好状态的概率均稍高于上述三条单独路径相应状态的概率，说明通过路径组合，技术效果和经济效果处于较高水平的概率提升，即能够改善经营效果。

从模型结果还可以看出，相对于其他组合状态，药物投入处于"高"且三条减药路径处于平均状态，技术效果处于"高"的概率相对最大（45.06%），而经济效果反向因子处于"高"的概率最小（41.21%），即表明高水平的药物投入，技术效果处于良好状态的可能性提高，经济效果处于较差的可能性下降，即此时技术效果和经济效果的表现相对最佳。反之，相对于其他组合状态，药物投入处于"低"且三条减药路径处于平均状态，技术效果处于"高"的概率相对最小（43.38%），而经济效果反向因子处于"低"的概率最大（48.75%），即表明低水平的药物投入，技术效果表现良好状态的可能性下降，经济效果表现良好的可能性上升，二者

表 7-11 三种减药路径处于平均水平，药物投入对技术效果因子 F1 和经济效果因子 F2 的概率分布影响

单元：%

证据	输入					技术效果因子 F1						经济效果反向因子 F2				
	非常低	低	中	高	非常高	非常低	低	中	高	非常高	高和非常高	非常低	低	中	高	非常高
药物投入	100	0	0	0	0	13.18	25.48	16.69	29.12	15.52	44.64	7.66	42.33	40.01	6.77	3.24
药物投入	0	100	0	0	0	13.08	26.23	17.31	27.75	15.63	43.38	6.90	48.75	36.25	5.48	2.62
药物投入	0	0	100	0	0	12.63	26.83	16.45	27.02	17.05	44.08	6.58	41.52	43.15	5.92	2.83
药物投入	0	0	0	100	0	13.08	25.29	16.57	28.72	16.34	45.06	6.05	41.21	42.94	6.63	3.17
药物投入	0	0	0	0	100	13.47	26.05	17.07	27.54	15.87	43.41	6.29	42.81	40.72	6.89	3.29

数据来源：根据 GENNLE 计算结果整理获得。

出现相悖的现象。说明在目前我国肉鸡养殖的现实条件下，通过较高的药物投入，能够提升经济效果和技术效果，而较低的药物投入，可能提升经济效果，但相应技术效果下降，意味着从只追求经济效果的角度可以适当减药，但不利于肉鸡技术性能的提高和肉鸡养殖长期健康发展。

7.4.3 药物投入及三种减药路径分别为最高水平两因子表现

根据 BBN 模型结果（表 7 - 12），如果没有关于清单变量的先验信息，药物投入及减药路径处于默认状态下，即药物投入及减药路径的所有状态的概率相等（$P = 20\%$）则技术效果因子处于"高"的概率最大（$P = 27.54\%$）。由于技术效果处于"非常高"的状态也是可接受的状态，因此，在此考察技术效果处于"高"和"非常高"概率总和的情形，此时技术效果因子处于"高"和"非常高"的概率总和接近 50%（$P = 43.41\%$），这表明，在 $F1$ 的五种状态中，技术效果最有可能处在表现良好的状态。同时，经济效果反向因子处于"低"状态的概率最大（$P = 42.81\%$），同样表明，经济效果最有可能处于表现较好的状态。

药物投入设定为"非常高"的水平，同时保持其他变量的信息不变，且处于默认状态，此时技术效果因子"高"的概率最大（$P = 27.52\%$），"高"和"非常高"的概率总和接近 50%（$P = 43.36\%$），经济效果反向因子"低"的概率最高（$P = 42.7\%$）。这表明，较之于默认水平，当药物投入水平提升至最高水平时，技术效果和经济效果处于表现均良好状态的概率稍微有所下降。这表明，提高药物投入并不能带来技术效果和经济效果提高，反而导致其微小的下降。原因可能在于，目前养殖企业存在用药过量的可能，提高药物投入无法进一步提升疫病防控能力及降低死亡率，此时企业减少药物投入，可能不会带来技术效果和经济效果的损失，减药具有可行性。

科学用药、生物安全和动物福利的先验信息调整为"非常高"的水平，同时保持其他变量的信息不变，且处于默认状态，此时技术效果因子"高"的概率最大（$P = 27.88\%$；$P = 27.91\%$；$P = 27.5\%$），"高"和"非常高"的概率总和接近 50%（$P = 43.67\%$；$P = 43.82\%$；$P =$

表7-12 药物投入、科学用药、生物安全和动物福利分别为最高水平时各自对技术效果因子和经济效果反向因子的概率分布影响

单位:%

证据	输入					技术效果因子 F1						经济效果反向因子 F2				
	非常低	低	中	高	非常高	非常低	低	中	高	非常高	高和非常高	非常低	低	中	高	非常高
默认值	20	20	20	20	20	13.47	26.05	17.07	27.54	15.87	43.41	6.20	42.81	40.72	6.89	3.29
药物投入	0	0	0	0	100	13.45	26.11	17.08	27.52	15.84	43.36	6.27	42.70	40.87	6.88	3.29
科学用药	0	0	0	0	100	13.41	25.92	16.99	27.88	15.79	43.67	6.23	43.38	40.32	6.82	3.26
生物安全	0	0	0	0	100	13.37	25.87	16.95	27.91	15.91	43.82	7.09	43.49	39.56	6.67	3.19
动物福利	0	0	0	0	100	13.35	25.82	16.97	27.50	16.35	43.86	6.52	44.15	40.03	6.30	3.01

数据来源：根据GENNEL计算结果整理获得。

43.86%）；经济效果反向因子处于"低"的概率最大（$P=43.38\%$；$P=43.49\%$；$P=44.15\%$）。这表明，三种减药路径处于最高水平时，技术效果、经济效果均最有可能处于表现均良好状态。相对而言，动物福利、生物安全和科学用药分别处于最高水平时，其对应的技术效果、经济效果处于表现均良好状态的概率依次有所下降，但下降幅度微小，可能意味着动物福利和生物安全措施均属于疫病预防措施，通过良好养殖环境、先进的设施设备、完善的内外部防控措施，既保障鸡群生活在良好舒适的环境中，避免了内外部病原菌的侵入，减少疫病发生风险，有利于鸡群健康生长，因而技术效果和经济效果可能较好；而科学用药是在鸡群患病时采取的治疗措施，此时疫病已引起鸡群日增重下降、料肉比提升等，造成了养殖效果的损失，通过科学用药仅在一定程度上减少了疫病损失，相对于动物福利和生物安全，其经济效果和技术效果会有所下降。这也说明了在畜禽疫病防控中，"防重于治"理念的科学性。

综上所述，单独提升某一种减药路径至最高水平时，虽然技术效果和经济效果均最有可能达到良好状态，即技术效果达到"高"的概率最大，经济效果的反向因子达到"低"的概率最大，但都不能达到最佳状态："非常高"和"非常低"，这可能意味着单独依靠某一种减药路径的效果有限，因此，需要进一步探讨三种减药路径的组合效果。

7.4.4 减药路径的最佳状态组合

为寻找药物降到低水平，同时技术效果及经济效果均处于"最佳"的约束下最可能的减药路径状态组合，在 GENNLE 中，将药物投入分别设置为"低"和"非常低"的水平，表示将药物降到"低"和"非常低"的水平；将技术效果因子 $F1$ 设置为"非常高"的状态，表示技术效果处于最优状态；将经济效果反向因子 $F2$ 设置为"非常低"水平，表示经济效果处于最佳状态。之后探求科学用药、生物安全和动物福利三种路径的状态组合。即"药物投入（低）-技术效果（非常高）-经济效果（非常低）"以及"药物投入（非常低）-技术效果（非常高）-经济效果（非常低）"下三种减药路径的最可能状态组合。运行 GENNEL 软件，计算结果如

表 7 - 13 所示。

表 7 - 13　减药路径的状态组合

药物投入与因子 F1、F2 的组合	减药路径状态组合		
	科学用药	生物安全	动物福利
药物投入低，F1 非常高，F2 非常低	低（P＝44.27%）	高（P＝39%）	高（P＝35.46%）
药物投入非常低，F1 非常高，F2 非常低	低（P＝47.96%）	高（P＝41.74%）	高（P＝35.5%）

数据来源：根据 GENNLE 计算结果整理获得。

当药物投入水平处于"低"水平，因子 F1 和因子 F2 分别处于"非常高"和"非常低"水平时，即技术效果和经济效果达到理想最优状态，对应的减药路径概率最大组合状态为"科学用药（低）—生物安全（高）—动物福利（高）"，生物安全处于高状态的概率最高（表 7 - 13）。从生产实践上看，高水平的生物安全措施能够切断鸡场感染病毒的途径，阻止鸡群病毒的感染和传播，减少疫病发生的风险。高水平的动物福利能够使鸡群处于舒适的环境中，保证机体健康生长，这样，一方面有利于提高肉鸡的生产性能，即技术效果；另一方面，由于疫病发生率低在养殖中兽药使用量相对较小，提供市场价格相对较高的高品质肉鸡产品，提高经济效果。相对于生物安全和动物福利，科学用药主要作用于治疗环节，此时鸡群健康已经受损，生产性能下降，即使提升科学用药水平，诊疗和药物投入成本仍无法避免，造成技术效果和经济效果的下降，因此要保证技术效果和经济效果的提升，科学用药处于低水平即可。

同理，将药物投入确定为"非常低"的状态，技术效果因子 F1 确定为"非常高"状态时，经济效果反向因子 F2 确定为"非常低"的状态时，对应的减药路径最可能的组合状态为"科学用药（低）—生物安全（高）—动物福（高）"（表 7 - 13）。较之于药物投入处于"低"水平的情形，药物投入处于"非常低"水平时，科学用药、生物安全和动物福利水平的最大概率分布的状态相同，但概率值均有所提升，动物福利概率值只有微小提升，科学用药和动物福利概率值有明显的提升，即在动物福利水平基本不变的情况下，要求有更高生物安全水平和更低科学用药水平。

综上，肉鸡养殖场如果既要保证药物投入低又能实现经济效果和技术效果最高的理想状态，必须首先加强生物安全措施，提升生物安全至高水平；其次是实施动物福利措施，提升至"高水平"；在此基础上，科学用药处于"低"水平即可。说明生物安全和动物福利是减药的关键，其疫病的防控能力、防控成本和防控效果均优于科学用药，鸡场欲提高经营效果，在三种减药路径中，应重点提升生物安全水平和动物福利水平，提高疫病防控水平，而将科学用药控制在低水平，即不过分依赖用药，这也体现了"产业化养殖重在防而不在于治"的管理理念。

7.5　本章小结

本章通过相关性分析及 BBN 结果分析说明：

第一，目前科学用药、生物安全、动物福利综合平均得分分别为 0.44、0.72 和 0.67，即科学用药处在中下等水平，生物安全和动物福利达到较高水平，生物安全水平相对最高，但与最佳水平仍有较大差距。另外，白羽肉鸡的生物安全和动物福利水平高于黄羽肉鸡，而科学用药水平低于黄羽肉鸡。

第二，科学用药、生物安全和动物福利三条减药路径与药物投入存在弱负相关的关系（$P=-0.01$；$P=-0.11$；$P=-0.02$），表明减药路径的可能性，即通过提高科学用药、生物安全和动物福利水平可以实现药物减量使用。

第三，药物投入、科学用药、生物安全、动物福利单一路径分别处于最高水平时，技术效果和经济效果均可能达到良好状态，但都不能达到最佳状态，最佳状态需要实施三条路径的组合。三条路径相比较而言，动物福利处于最高水平，技术效果和经济效果处于良好状态的可能性最大；生物安全处于最高水平时，技术效果和经济效果处于良好状态的可能性下降；科学用药处于最好水平时，技术效果和经济效果处于良好状态的可能性相对最小。

第四，在药物投入处于低和最低水平，且保证技术效果和经济效果处于最高水平的理想状态下，减药路径应为"科学用药（低）-生物安全（高）-动物福利（高）"的状态，即肉鸡场要达到理想状态，应坚持"重在防而不在于治"的理念，重点提升生物安全水平和动物福利水平，提高防控能力，而不过分依赖用药。

第 8 章　研究结论与政策建议

本章对前文的研究结论进行总结归纳，在已有结论的基础上，就当前我国肉鸡产业兽药减量行动提出几点建议。本部分内容分为三小节，第一节为研究结论，归纳前文研究的主要观点；第二节为政策建议，对促进肉鸡产业兽药减量化提出建议；第三部分为存在的不足。

8.1　研究结论

第一，我国肉鸡养殖场兽药使用种类繁多、用途多样，在兽药投入中抗生素投入占比最大，其使用剂量高于养殖发达国家水平。单只鸡药物总投入为 1.39 元，其中预防性用药平均投入成本为 0.83 元，治疗性用药平均投入成本为 0.56 元。在疫苗、抗生素、化学药物、中药、营养保健品、微生态制剂六类药物中，抗生素投入成本为 0.67 元，占兽药总投入的 48%，抗生素是兽药投入成本中最高的药物。国际比较发现，我国单只鸡抗生素投入剂量高于欧洲 9 国肉鸡养殖场和美国的无抗肉鸡养殖场，但低于越南肉鸡养殖场以及美国有抗养殖场。

第二，Weillbull 形式的损害控制模型计算结果表明，兽药具有良好的经济效果，投入并不过量，兽药使用量增加仍然可为肉鸡养殖业带来可观的经济效益。每百只鸡预防性兽药投入的边际产值为 2.352 8 元，即每百只鸡每追加 1 元预防性兽药投入，还能获得 1.4 元的纯收入；每百只鸡治疗性兽药投入的边际收益为 2.867 3 元，即每百只鸡每追加 1 元治疗性兽药投入，还能获得 1.9 元的纯收入。从经济效果的角度而言，我国肉鸡产业兽药投入还没有过量。

第三，养殖技术性能似不相关回归模型测算结果表明，兽药具有良好的技术效果，兽药投入对日增重、饲料报酬和死亡率三项养殖性能指标都有正向影响。总体看，药物投入对于日增重弹性为0.070 6，料肉比弹性为-0.076 6，死亡率弹性为-2.540 9，即药物投入增加1%，日增重将增加0.070 6%，料肉比将降低0.076 6%，死亡率将降低2.540 9%。分类看，预防性药物增加1%，死亡率将减少1.548 8%，对日增重和料肉比影响不显著；治疗型药物每增加1%，日增重将增加0.075 1%，料肉比将减少0.039 7%，死亡率将减少0.945 3%。这表明兽药投入对缩短饲养周期，提高饲料转化率，降低死亡率具有积极的作用。如果在当前养殖技术状态下，强制减少兽药可能会对养殖技术性能和产出产生负面影响。

第四，养殖主体兽药使用影响因素模型分析表明，用药预期、肉鸡价格是正向影响兽药投入的主要因素；养殖规模、兽药价格、科学知识、严格监管和养殖模式是负向影响药物投入主要因素。用药预期收益对药物投入影响显著为正，系数为0.002 2，说明养殖主体在兽药提升技术性能上具有较大的依赖性。药残超标处罚对药物投入影响显著为负，系数为-0.235 8，说明药残超标从重处罚对遏制不合理用药效果显著；兽医知识对药物投入影响显著为负，系数为-0.075 6，说明加强科学用药知识宣传有利于减少药物的投入。出栏价格对药物投入影响显著为正，系数为0.011 5，验证了市场因素是影响药物投入的重要因素。药物特别是营养保健品价格对药物投入影响系数为-0.138 0，表明对营养保健品价格进行调控，会减少药物投入。饲养规模对药物投入影响显著，系数为-0.013 8，说明提升饲养规模，有利于减少药物投入；经营方式为"公司＋农户"或"一条龙公司"的经营方式用药显著低于"农户"养殖场，说明提升产业化水平有利于减少兽药使用。

第五，贝叶斯信度网络模型分析表明，兽药投入与科学用药、生物安全、动物福利具有较强的替代关系，为尽量避免兽药减量对经济效果和技术效果所造成的损失，兽药减量要采取提升科学用药、生物安全、动物福利水平替代兽药的道路。目前，我国肉鸡养殖的科学用药、生物安全、动物福利综合平均得分分别为0.44、0.72和0.67，与最佳水平仍有较大差距。科学用药、生物安全和动物福利三条减药路径与药物投入存在弱负相关的关系（$P=-0.01$；$P=-0.11$；$P=-0.02$），表明通过提高科学用药、生物安全和动物福利水平可以实现药物减量使用。药物投入、科学用药、生物安全、动物福利单一路径分别处于最高水平时，技术效果和经济效果均可能达到良好状态，但都不能达到最佳状态；在药物投入处于低和最低水平，且保证技术效果和经济效果处于最高水平的理想状态下，减药路径应为大力加强生物安全措施、进一步提高饲养肉鸡福利水平、雇佣专职兽医提高科学用药水平。

8.2 政策建议

对于政府而言，促进肉鸡产业兽药减量上应着重做好以下五点：

一是完善疫病防控体系，并落到实处。与欧美发达国家不同，我国肉鸡养殖主体投药的目标在于预防和治疗疾病。因此，加强疫病防控，降低疫病发生风险是减少兽药使用的根本。然而，当前我国动物疫病防控体系建设较为薄弱，特别是基层专业人员以及专业设备的缺乏，难以定时检测普通疾病，难以对烈性传染病发布预警信息。有鉴于此，应加强职业兽医培育，充实基层兽医队伍，对养殖区域的病种做定期检测，根据季节等变化，及时向养殖主体发布防控信息；对于新生疾病及时向兽医检查部门报备，并联合科研部门，对疫病作出快速诊断，以此减少疫病特别是烈性传染病对肉鸡养殖场的侵害。

二是完善兽药监察体系，严格 4G 监察制度。完善畜牧兽医监察体系，建立市、县级兽药监察机构，将行政、兽医结合起来，同时把顺药政、药监及药检的关系，进一步提高政府部门监督效力。药物与一般商品不同，药物的品质事关产业发展与人类的生命安全，因此从试验、生产、经营、使用层层把关，严格执行兽药非临床研究质量管理规范、兽药生产质量管理规范、兽药经营质量管理规范、兽药临床试验质量管理规范，特别要把好新药注册关，从源头上杜绝假冒伪劣药物的生产，定期对兽药市场进行飞行检查，规范兽药试产经营，同时定期检查养殖场的用药记录，监督养殖企业规范用药。

　　三是及时更新相关技术标准，使畜牧业药物使用与监管有法可依。一是要及时修订《中国兽药典》。由于《中国兽药典》是国家技术标准，属强制性标准，具有法律约力，也是兽药从生产到使用各环节必须遵循的标准，是畜牧业规范使用的重要技术依据。及时修改《兽药典》，可为畜牧业科学合理用药提供技术标准依据。二是深入实施《食品安全国家标准　食品中 41 种兽药最大残留限量》标准，药残检测是监管企业用药的最后一道关，研究表明，在药残上的惩处力度对药物使用具有显著的负向影响，因此，深入实施《食品安全国家标准食品中 41 种兽药最大残留限量》标准，对于规范企业用药具有重要作用。三是要切实履行药残监管流程。食品安全是关乎国民身体素质的大事，不容小觑。研究表明，加强药残监管，对控制养殖主体用药具有明显的作用。要切实实施《中华人民共和国动物及动物源食品中残留物质监控计划》，加强对屠宰场执行药残的监督管理，重点督促屠宰场对市场户的药残检测，对于检测不合格的鸡只，放宽屠宰期限。对于部分烈性药物，特别是磺胺类药物，休药期较长，是药残检测的重点药物，要着力加强处方的管控，避免在没有处方的情况下购买使用处方药物。

　　四是深入实施《全国肉鸡遗传改良计划（2014—2025 年）》，加强种源创新核心技术攻关。种源创新是减药的关键。结好果还在于选好苗，因素分析已经说明，品种对药物使用具有显著的负向影响，白羽肉鸡因其先进的育种水平，良雏率高，弱雏率低，在药物投入上要显著低于黄羽肉鸡。然而我国肉鸡种源更新换代慢，部分品种依赖于进口，受制于人的困境并没有根本性扭转。一旦曾祖代及祖代种鸡进口受阻，鸡苗抗病能力将大打折扣，兽药使用将持续增加，因此，需要加强种源核心技术的攻关研发，尽快解决由进口不畅、强制换羽引起的弱雏率高的问题。

　　五是实施市场分割，鼓励无抗养殖。鸡肉产品添加生产标签，实施市场分割。借鉴美国经验，从抗生素类药物出发，对于不使用抗生素类药物预防的肉鸡养殖场，加注标签，实施价格分类，减少药物使用的肉鸡养殖场并不会因为饲养成本的升高而处于竞争的劣势地位，降低减少药物使用企业的疫病风险成本。食品行业是良心行业，仅依靠法律法规的监督难以达到预期的效果。当前的消费观念已经从"吃饱、吃好"向"吃得营养、吃得健康"转变，特别是近年来，食品安全事件层出不穷，人们对食品安全的关注愈发高涨。要通过媒体、短期培训等方式，加强绿色生产的宣传意识，鼓励无抗养殖，改变养殖主体对食品安全的认知程度，增强其社会责任感。同时，政府要对采取生物安全和动物福利措施的养殖场给予激励措施，鼓励低抗、无抗养殖。

对于肉鸡养殖企业促进兽药减量上应着重做好以下四点：

一是加快推进肉鸡产业化进程，提升饲养管理水平。经营方式及规模对肉鸡药物使用呈显著的负向影响。肉鸡养殖企业要努力提升产业化进程，全面发挥防疫、诊疗连接，提升医疗服务的及时性，提升疫病防控及药物使用效率，减少药物投入量。要重点加强农户与公司的垂直协作，借助公司与养殖主体间疫病防控信息的传递，提升农户疫病风险管理水平，减少合同用药的限制，减少农户养殖场兽药的使用。

二是着力提高生物安全水平。生物安全措施是目前养殖场既能减药又能实现较好经营效果的途径。目前，养殖企业生物安全处于较高的水平，有较好的基础，但仍存在一些薄弱环节，必须加大力克服。要提高鸡场空气质量检测仪、病原菌测试仪器、污水沉淀池、防鸟等设施的普及程度，加强进场车辆消毒和病死鸡无害化处理，加大疫病特别是烈性传染病的防控力度。对于产业化水平较低、资本薄弱的肉鸡养殖企业，要更多采用成本较低的生物安全措施，如严格按鸡场建设标准选址、适度延长空栏期、病死鸡深度掩埋等，更多地利用自然条件，在尽量降低成本的情况下，提升生物安全措施水平，加强与大规模养殖企业及科研机构的合作，借助外部力量，低成本获得空气质量检测和病原菌检测等服务。

三是养殖场要重视动物福利措施，提升肉鸡的动物福利水平。目前，我国肉鸡养殖的动物福利处在中等偏上水平，但养殖场的通风控温、水线、料线自动化比例较低，饲喂自配料和采用非笼养的比例不足 50%。对于产业水平较高的鸡场，要尽快更新鸡场的投料饮水设备，增加自配料供给比例，确保鸡群营养均衡，提升科学投料饮水水平。对于采用笼养的肉鸡养殖场，要控制笼养层数，降低饲养密度，增加鸡群活动空间。对于产业化水平较低的鸡场，特别是黄羽肉鸡养殖场，要广泛采用地面平养的饲养方式，增加水槽和料槽的清洗频次，确保供料供水适宜频率。

四是合理规范用药，提高科学用药水平，逐步减少药物投入。目前，养殖场的科学用药处在中下等水平，存在突出问题，尤其是对养殖主体过量用药的危害认知不足，且大部分鸡场未进行开具处方、参加兽医专业培训以及实施过敏试验。对于产业化水平较高的肉鸡养殖企业，要加强专业兽医知识培训，特别是正确使用药物的培训，适当增加执业兽医，提升疫病诊疗和规范处方药物的使用水平；加强同动物疫病、兽药研发等专业研究机构合作，全方位提升鸡场精准诊断、精准施药水平。对于产业化水平较低的肉鸡养殖企业，要依托畜牧兽医站等地方畜牧兽医服务部门力量，更多获取科学用药服务指导，加强与大型肉鸡企业的垂直协作，借助大型企业疫病诊疗平台，减少盲目用药。

8.3 存在的不足

本研究还存在不少需要攻克的难点，主要表现在以下三方面：

第一，相关概念的界定。本研究涉及诸多医学临床方面的概念，不同文献对概念界定并没有统一的口径。尤其是对特殊投入品例如微生态制剂、营养元素是否作为兽药看待，目前医学划分尚不明确。本研究根据《中国兽药典》（2015年版）定义区分兽药。该部《药典》将兽药定义为：用于预防、治疗、诊断动物疾病或者有目的地调节动物生理机能的物质（含药物饲料添加剂），主要包括：血清制品、疫苗、诊断制品、微生态制品、中药材、中成药、化学药品、抗生素、生化药品、放射性药品及外用杀虫剂、消毒剂等。此外该《药典》还对兽用处方药和非处方药做了明确的区分。兽用处方药是指凭兽医处方方可购买和使用的兽药；兽用非处方药，是指由国务院兽医行政管理部门公布的、不需要凭兽医处方就可以自行购买并按照说明书使用的兽药。特殊说明，对兽用麻醉药品、精神药品、放射性药品等特殊药品不纳入本研究。

第二，数据获取。根据研究内容，本研究需要大量的数据做支撑，既需要统计数据，又需要实地调查数据。主要难度体现在：农业部的《兽医公报》、OIE 网站对我国兽药生产和使用进行了统计，但对药物使用的具体种类、畜牧业各部门的情况没有详细的统计数据，加大了数据处理的难度。研究肉鸡生产大省养殖主体使用兽药的行为，除了预调研和设计问卷，还需要在 9 个生产大省进行实地调查，这需要做大量的工作。

第三，模型构建。本研究的三个核心问题均要求构建模型，对于国外的研究方法，需要细致地研读，并结合我国的实际进行改造运用。一是使用生产函数判断的时候，需要选取合适的损害控制模型的形式，目前国内外诸多文献主要是从农业杀虫剂使用角度设计的损害控制模型，而动物源性细菌病有其特殊性，考虑到模型的收敛性，需要不断试验、筛选合适的控制模型。二是使用贝叶斯信度网络分析药物投入与减药路径关系的时候，由于存在 NP 难题，即如果信息传递关系较为复杂，节点条件概率的计算将存在困难，因此，需要在贝叶斯网络优化上做许多尝试。

参考文献

REFERENCES

蔡正平，樊豪 .2012. 经济增长中生产要素贡献的实证研究——基于 C－D 生产函数和 CES 模型的比较分析 [J]. 技术与市场，33 (7)：3.

陈秋颖，等，2008. 兽药残留及其对生态环境影响的研究进展 [J]. 安徽农业科学，36 (16)：4.

董艳娇，王建华，李天泉，2020. 我国兽药产业的现状与发展对策 [J]. 中兽医医药杂志，39 (2)：101－104.

冯晶晶，王小万，靖瑞锋，2014，控制抗生素滥用的国际经验及启示 [J]. 中国抗生素杂志，39 (1)：5.

高婷，刘晓强，2013. 氟苯尼考的作用机理及其临床应用 [J]. 现代畜牧兽医 (4)：60－62.

顾宪红，2011. 动物福利和畜禽健康养殖概述 [J]. 家畜生态学报，32 (6)：5.

顾宪红，2011. 动物福利和畜禽健康养殖概述 [J]. 家畜生态学报，32 (6)：5.

郭福有，马杰，2005. 饲用抗生素的研究与应用进展 [J]. 饲料博览，28 (18)：5.

黄泽颖，王济民，2016. 高致病性禽流感对我国肉鸡产业的影响 [J]. 中国农业科技导报．2016 (1)：11.

李明，2018. 我国兽药产业现状与发展趋势 [J]. 兽医导刊，19 (13)：14－15.

马文瑾，等，2020. 兽药环境风险评估研究进展 [J]. 中国畜牧兽医，47 (5)：9.

浦华，王济民，吕新业，2008. 动物疫病防控应急措施的经济学优化——基于禽流感防控中实施强制免疫的实证分析 [J]. 农业经济问题 (11)：6.

王冉，魏瑞成，李维，2012. 粪源金霉素暴露对土壤微生物毒性效应的田间试验研究 [J]. 安全与环境学报，12 (5)：4.

吴维辉，等，1997. 饲用抗生素对肉用仔鸡促生长作用的研究 [J]. 广东畜牧兽医科技，22 (3)：2.

姚浪群，等，2003. 安普霉素对仔猪内分泌的调控作用及血液生化指示的影响 [J]. 动物营养学报，15（2）.

叶岚，2013. 丹麦肉鸡业面临的机遇与挑战 [J]. 世界农业（9）：153-155.

张漫，李志荣，顾宪红，2011. 欧美兽药质量管理分析 [J]. 天津农学院学报，18（1）：42-47.

郑钢，2020. 兽医药品对生态环境的影响应引起关注 [J]. 中国畜禽种业，16（9）：1.

郑麦青，李鸿志，高海军，2017. 2016 年我国肉鸡产业发展监测报告 [J]. 中国家禽，39（10）：69-72.

周明霞，2009. 药残留监控体系建设的成绩与思考 [J]. 中国动物检疫. 26（1）：15-16.

ADAM C N，FORTANÉ，COVIGLIO A，DELESALLE L，PAUL M C，2019. Epidemiological assesset of the factors associated with antimicrobial use in french free-range broilers [J]. BMC Veterinary Reeah，15（1）.

ADESINA A A，1995. Farmers' perception and adoption of new technology：evidence from analysis in Burkina Faso and Guinea，West Africa [J]. Agric. Econ.（13）：1-9.

AFFOGNON H D，2007. Economic analysis of trypanocide use in villages under risk of drug resistance in West Africa [J]. University of Hannover（39）：45-50.

AHMED A，PITT B，RAHIMTOOLA S H，WAAGSTEIN F，WHITE M，LOVE T E，2008. Effects of digoxin at low serum concentrations on mortality and hospitalization in heart failure：a propeitymatched study of the dig trial [J]. International Journal of Cardiology，123（2）：138-146.

AHMED S，RIENSTRA M，CRIJNS H，LINKS T P，WIESFELD A，HILLEGE H L，2008. Continuouvs episodic prophylactic treatment with amiodarone for the prevention of atrial fibrillation [J]. the Journal of the American Medical Association，300（15）：84-92.

AJAYI O O C，1970. Pesticide use practices，productivity and farmers' health：the case of cottonrice systems in Côte d'Ivoire [J]. West Africa esticide Use Practices Productivity（25）：125-136.

ALGOZIN K A，MILLER G Y，MCNAMARA P E，2001. An econometric analysis of the economic contribution of subtherapeutic antibiotic use in pork production [C]. Chicago：American Agricultural Economics Association，2001.

ALI F H M，2010. Probiotics feed supplement to improve quality of broiler chicken carcasses [R]. world journal of dairy & food sciences.

ALI M，1995. Institutional and socio-economic constraints on the second-generation green revolution: case study of rice producers in Pakistan's Punjab [J]. Econ. Dev. Cult. Change, 43 (3): 835 – 861.

AUBOURG E, BAREYRE, P S BRÉHIN, GROS M M, LACHIÈZE – REY, LAURENT B, 1995. Evidence for gravitational microlensing by dark objects in the galactic halo [J]. DOI: 10. 1038/365623a0.

BABCOCK B A, ZILBERMAN L D, 1992. Impact of Damage Control and Quality of Output: Estimating Pest Control Effectiveness [J]. American Journal of Agricultural Economics, 74 (1): 163 – 172.

BAILEY M, TAYLOR R, BRAR J, 2020. Prevalence and Antimicrobial Resistance of Salmonella from Antibiotic – Free Broilers during Organic and Conventional Processing [J]. Journal of food protection, 83 (3): 491 – 496.

BENJAMIN M G, CHRISTOPHER A, WOLFFRANK L, 2010. Understanding adoption of livestock health management practices: The case of bovine Leukosis virus [J]. Canadian Journal of Agricultural Economics, 58 (3): 343 – 360.

BENTLEY – PHILLIPS B H J, GRACE, 2006. Hereditary hypotrichosis [J]. British Journal of Dermatology, 101 (3): 331 – 339.

BESTER D J, KUPAI K, CSONT T, SZUCS G, ROOYEN, J V, 2010. Dietary red palm oil supplementation reduces myocardial infarct size in an isolated perfused rat heart model [J]. Lipids in Health and Disease, 9 (64): 64.

BEYENE T, 2015. Veterinary drug residues in food – animal products: Its risk factors and potential effects on public health [J]. Journal of Veterinary. Science & Technology. VOI: 10. 4172/21577579. 1000285.

BEYENE T, TESEGA B, 2014. Rational veterinary drug use: Its significance in public health [J]. Journal of Veterinary Medicine and Animal Health. DOI: 10. 5897/JVMAH2014. 0332.

BLACKWELL M, PAGOULATOS A, 1986. The Econometrics of Damage Control: Why Specification Matters [J]. American Journal of Agricultural Economics, 68 (2): 261 – 273.

BORSUK M E, STOW C A, RECKHOW K H, 2004. A bayesian network of eutrophication models for synthesis, prediction, and uncertainty analysis [J]. Ecological Modelling, 173 (2 – 3): 219 – 239.

BRINCH K A, ROSENBAUM N L, LIS A, 2018. Herd typologies based on multivariate analysis of biosecurity, productivity, antimicrobial and vaccine use data from danish sow herds [J]. Preventive Veterinary Medicine, S0167587718303714.

BROCKÖTTER S, SCHUUR P C, DOUMA A M, 2009. Herindeling van de stellingen in het europees distributie centrum van timberland [R].

BRORSEN B W, Lehenbauer TD, ASHENG J I, CONNOR J, 2002. Economic impacts of banning subtherapeutic use of antibiotics in swine production [J]. Journal of Agricultural and Applied Economics, 34 (3): 489 – 500.

BROWER C H, 2015. Global trends in antimicrobial use in food animals [R]. Ecology & Evolution of Infectious Diseases (EEID) Conference.

BULLER H, BLOKHUIS H, JENSEN P, 2018. Towards farm animal welfare and sustainability [J]. Animals (Basel), 8 (6): 81.

CAMPAGNOLO E R, JOHNSON K R, KARPATI A, 2002, Antimicrobial residues in animal waste and water resources proximal to large – scale swine and poultry feeding operations [R].

CAMPAGNOLO E R, JOHNSON K R, KARPATI A, RUBIN C S, KOLPIN D W, MEYER M T, 2002. Antimicrobial residues in animal waste and water resources proximal to large – scale swine and poultry feeding operations [J]. Science of the Total Environment, 299 (1 – 3): 89 – 95.

CAREY P J, LECCISOTTI A, MCGILLIGAN V E, GOODALL E A, MOORE C, 2010. assessment of toric intraocular lens alignment by a refractive power/corneal analyzer system and slitlamp observation [J]. Journal of Cataract & Refractive Surgery, 36 (2): 222 – 229.

CARLET J, JARLIER V, HARBARTH S, VOSS A, GOOSSENS H, PITTET D, 2012. Ready for a world without antibiotics? The pensières antibiotic resistance call to action [J]. Antimicrobial Resistance and Infection Control, 1 (1): 1 – 13.

CARRIQUE – MAS J J, TRUNG N V, HOA N T, MAI H H, THANH T H, CAMPBELL J I, 2015. Antimicrobial usage in chicken production in the mekong delta of vietnam. Zoonoses and Public Health.

CARRIQUE – MAS J, VAN N T B, CUONG N V, 2009. Mortality, disease and associated antimicrobial use in commercial small [J]. Preventive Veterinary Medicine (165): 15 – 22.

CARRIQUE – MAS J, VAN N, VAN CUONG N, BAO T D, KIET B T, THANH, P

T H, 2019. Mortality, disease and associated antimicrobial use in commercial small [J]. Preventive Veterinary Medicine (165): 15 – 22.

CHAMBERS H F, 1988. Methicillin – resistant staphylococci [J]. Lancet. DOI: 10. 1002/ chin. 198819082.

CHAN H, DARWICHE A, 2012. Sensitivity Analysis in Bayesian Networks: From Single to Multiple – Parameters [R].

CHANTZIARAS, FILIP, 2014. Correlation between veterinary antimicrobial use and antimicrobial resistance in food – producing animals: a report on seven countries [J]. The Journal of antimicrobial chemotherapy (15): 75 – 77.

CHI J, WEERSINK A, VANLEEU WEN J A, KEEFE G P, 2010. The economics of controlling infectious diseases on dairy farms [J]. Canadian Journal of Agricultural Economics/revue Canadienne Dagroeconomie (50).

CHI, JUNWOOK, 2002. The Economi cs of Controlling Infectious Diseases on Dairy Farms [J]. Canadian Journal of Agricultural Economics/revue Canadienne Dagroeconomie (50): 145.

CHILONDA P, HUYLENBROECK G V, D HAESE L D, SAMUI K L, AHMADU B, 1999. Cattle production and veterinary care systems in zambia [J]. Outlook on Agriculture, 28 (2): 109 – 116.

CHILONDA P, VAN H G, 2001. A conceptual framework for the economic analysis of factors influencing decision – making of small – scale farmers in animal health management [J]. Revue Scientifique Et Technique, 20 (3): 687. DOI: 10. 20506/rst. 20. 3. 1302.

CLEEF B V, GRAVELAND H, HAENEN A, 2011. Persistence of Livestock – Associated Methicillin Resistant Staphylococcus aureus in Field Workers after Short – Term Occupational Exposure to Pigs and Veal Calves [J]. Journal of Clinical Microbiology, 49 (3): 1030.

COHEN M, TAUXE R, 1986. Drug – resistant Salmonella in the United States: an epidemiologic perspective [J]. Science, 234 (4779): 964 – 969.

CONNOLLY S J, POGUE J, HART R G, HOHNLOSER S H, YUSUF S, 2009. Effect of clopidogrel added to aspirin in patients with atrial fibrillation [J]. New England Journal of Medicine, 360 (20).

CURRY J, 1992. The human dimension of livestock disease control in small – scale farming systems [J]. Zimbabwe vet. J., 23 (1): 18 – 27.

DANA W, KOLPIN, EDWARD T, FURLONG, 2002. pharmaceuticals, hormones, and other organic wastewater contaminants in U. S. streams, 1999—2000: a national reconnaissance [J]. Environmental Science &. Technology, 36 (6): 1202 - 1211.

DE HAAN C, UMALI L D, 1992. Public and private sector roles in the supply of veterinary services. In Public and private sector roles in agricultural development. Proc. 12th Agricultural Sector Symposium (J. R. Anderson &. C. De Haan, eds) [R]. The World Bank, Washington, DC, 125 - 137.

DERRY S, LOKE Y K, 2000. Risk of gastrointestinal haemorrhage with long term use of aspirin: meta analysis [J]. BMJ (321): 1183.

DIBNER, J J, RICHARDS, J. D, 2005. Dibner jj, richards jd. Antibiotic growth promoters in agriculture: history and mode of action [J]. Poultry Science, 84 (4): 634 - 643.

DRUMMOND M F, STODDART G L, TORRANCE G W, 1987. Methods of economic appraisal of health care programmes [J]. Oxford University Press, Oxford, 1823 (1): 18 - 27.

EMBORG H D A K, ERSBOL O E, HEUER A N D H C, WEGENER, 2002. Effects of termination of antimicrobial growth promoter use for broiler health and productivity [J]. Work Antibiotic Growth Promoters in Agriculture (43): 305 - 314.

FELDSTEIN M S, 1967. Specification of the Labour Input in the Aggregate Production Function [J]. Review of Economic Studies, 34 (4): 375 - 386.

FIRKINS J L, 2003. McDonald's global policy on antibiotic use in food animals [R]. www. mcdonalds. com/corp/ values/socialrespons. html. Accessed Feb. 2005.

GASSON R, 2008. Goals and values of farmers [J]. Journal of Agricultural Economics, 24 (3): 521 - 542.

GATES M C, WOOLHOUSE M E J, GUNN G J, HUMPHRY R W, 2013. Relative associations of cattle movements, local spread, and biosecurity with bovine viral diarrhoea virus (bvdv) seropositivity in beef and dairy herds [J]. Preventive Veterinary Medicine, 112 (3 - 4): 285 - 295.

GE L, VALEEVA N, HENNEN W, 2014. A Bayesian Belief Network to Infer Incentive Mechanisms to educe Antibiotic Use in Livestock Production [J]. NJAS: wageningen journal of life sciences (71): 1 - 8.

GONCALVES P S V, 1995. Livestock production in Guinea Bissau: development potentials and constraints [D]. PhD thesis. University of Reading, Reading: 226.

GOODWIN H L, SHIPTSOVA R, 2000. Welfare Losses from Food Safety Regulation in The Poultry Industry [J]. Staff Papers (97): 225.

GRAMIG B M, WOLF C A, LUPI F, 2010. Understanding adoption of livestock health management practices: the case of bovine leukosis virus [J]. Canadian Journal of Agricultural Economics/revue Canadienne Dagroeconomie, 58 (3): 343 - 360.

GROS J G, 1994. Of farmers, veterinarians and the World Bank: the political economy of veterinary services' privatisation in Cameroon [J]. Public Admin, Dev. (14): 37 - 51.

HAMMER K A, CARSON, 1999. Antimicrobial activity of essential oils and other plant extracts [J]. J Appl Microbiol (125): 37.

HASSAN A A, MOHAMED N K, EL - TAMANY E H, ALI B A, MOURAD A E, 1995. Chemical interactions between 2 - mercaptobenzazoles and π - acceptors [J]. Monatshefte Für Chemie, 126 (6): 653 - 662.

HAYES D J, JENSEN H H, BACKSTROM L, FABIOSA J F, 2001. Economic impact of a ban on the use of over the counter antibiotics in U. S. swine rations [J]. The International Food and Agribusiness Management Review, 4 (1) .

HILL K G, CURRY J, DEMAYO F J, JONES DILLER K, BONDIOLI K R, 1992. Production of transgenic cattle by pronuclear injection [J]. Theriogenology, 37 (1): 265 - 273.

HOBBS J E, 1997. Measuring the Importance of Transaction Costs in Cattle Marketing [J]. American Journal of Agricultural Economics, 79 (4): 1083 - 1095.

HORGAN R, 2007. Eu animal welfare legislation: Current position andfuture perspectives [J]. Redvet, VIII (12B): n121206.

HOWARD W M, CRANFIELD J, 1995. Ontario beef producers' attitudes about artificial insemination [J]. Can. J. agric. DOI: 10. 1111/j. 1744 - 7976. 1995. tb00125. X.

HUANG Z, ZENG D, WANG J, 2016. Factors affecting Chinese broiler farmers' main preventive practices in response to highly pathogenic avian influenza [J]. Preventive Veterinary Medicine (74): 153 - 159.

ILIAS C, FILIP B, BÉNÉDICTE C, JEROEN D, 2014. Correlation between veterinary antimicrobial use and antimicrobial resistance in food - producing animals: a report on seven countries [J]. Journal of Antimicrobial Chemotherapy (3): 827.

JACOBSEN L B, JENSEN H G, LAWSON L G, 2006. Sector - and economy - wide effects of terminating the use of anti – microbial growth promoters in Denmark [J]. Food Economics Acta Agricult Scand (3): 1 – 11.

JAKOBSEN L, SPANGHOLM D J, PEDERSEN K, 2010. Broiler chickens, broiler chicken meat, pigs and pork as sources of ExPEC related virulence genes and resistance in Escherichia coliisolates from community – dwelling humans and UTI patients [J]. International Journal of Food Microbiology, 142 (1 – 2): 264 – 272.

JENSEN H H, FABIOSA J, HAYES D J, 2002. Technology choice and the economic effects of a ban on the use of antimicrobial feed additives in swine rations [J]. Food Control (13): 97 – 101.

JENSEN H M, 2003. Life after the ban – Experiences of a Danish swine veterinarian. Pre – sentation at the Annual Meeting of the American Association of Swine Veterinarians [J]. Orlando, FL. DOI: 10. 1002/chp. 21157.

JOOSTEN P, SARRAZIN S, VAN GOMPEL L, 2019. Quantitative and qualitative analysis of antimicrobial usage at farm and flock level on 181 broiler farms in nine European countries [J]. Journal of antimicrobial chemotherapy, 74 (3): 246.

JOSE R. A, CRISTINA G, AZEVEDO L S G, 1995. Mixed – ring and indenyl analogs of molybdenocene and tungstenocene: preparation and characterization [J]. Organometallics, 14 (8): 3901 – 3919.

JOYCE, WILLOCK, IAN J, DEARY, GARETH, EDWARDS – JONES, GAVIN J G, 1999. The role of attitudes and objectives in farmer decision making: business and environmentally – oriented behaviour in Scotland [J]. Journal of Agricultural Economics, 50 (2): 286 – 303.

JUANG J, LU T P, LAI L C, HO C C, LIU Y B, TSAI C T, 2014. Disease – targeted sequencing of ion channel genes identifies de novo mutations in patients with non – familial brugada syndrome [J]. Scientif: creports (4): 6733.

KABIR S, RAHMAN M M, RAHMAN M B, 2004. The dynamics of probiotics on growth performance and immune response in broilers [J]. International Journal of Poultry Science, 3 (5): 361 – 364.

KEBEDE Y, GUNJAL K, COFFIN G, 1990. Adoption of new technologies in Ethiopian agriculture: the case of Tegulet Bulga District [J]. Shoa Province. Agric. Econ. (4): 27 – 43.

KEY N, MCBRIDE W D, 2014. Sub – therapeutic antibiotics and the efficiency of US hog farms [J]. American Journal of Agricultural Economics，96（3）：831－850.

KEY N，SNEERINGER S，2014. Potential effects of climate change on the productivity of U. S. dairies [J]. American Journal of Agricultural Economics，96（4）：1136－1156.

KFC，2002. Get the facts about KFC kitchen fresh chicken [OL]. KFC，Louisville， KY. www. kfc. com/about/facts. htm.

KOMBA E，KIMBI E C，NGOWI H A，KIMERA S I，MLANGWA J E，LEKULE F P，2013. Prevalence of porcine cysticercosis and associated risk factors in smallholder pig production systems in mbeyaregion，southern highlands of Tanzania [J]. Veterinary Parasitology，198（3－4）：284－291.

KOSTADINOVIC L J，DOZET G，PAVKOV S，2009. Effects of some herbs on the results of broiler production [C]. Savetovanje O Biotehnologiji，Cacak. Agronomski fakultet.

KOUAM M K，MOUSSALA J O，2018. Assessment of factors influencing the implementation of biosecurity measures on pig farms in the western highlands of Cameroon （central Africa）[J]. Veterinary Medicine International（4）：1－9.

KRISHNASAMY V，OTTE J，SILBERGELD E，2015. Antimicrobial use in Chinese swine and broiler poultry production [J]. Antimicrobial Resistance and Infection Control Antimicrobial Resistance and Infection Control（4）：17.

KRUSE A B，NIELSEN L R，ALBAN L 2018. Herd typologies based on multivariate analysis of biosecurity，productivity，antimicrobial and vaccine use data from Danish sow herds [J]. Preventive Veterinary Medicine（181）：84－93.

KUMAR S，MIRAJKAR P P，SINGH Y P，2011. Analysis of willingness to pay for veterinary services of the livestock owners of Sangli district of Maharastra [J]. Agricultural Economics Research Review，24（1）：149－154.

LARTEY G，LAWSON，JACOBSEN L B，HANS G，JENSEN，2006. Sector－and economy－wide effects of terminating the use of anti－microbial growth promoters in Denmark [J]. Acta Agriculturae Scandinavica，3（1）：1－11.

LAWSON L G，SAUER J，JENSEN P V，2007. Measuring the efficiency effect of banning anti－microbial growth promoters：The case of Danish pig production [C]. Portland： American Agricultural Economics Association.

LEE K W，EVERTS H，KAPPERT H J，2003. Dietary Carvacrol Lowers Body Weight Gain but Improves Feed Conversion in Female Broiler Chickens [J]. Journal of Applied

Poultry Research, 12 (4): 3943 - 99.

LEONARD D K, KOMA L M P K, LY C WOODS P S A, 1999. The new institutional economics of privatising veterinary services in Africa. In The economics of animal disease control [J]. Rev. sci. tech. off. int. Epiz, 18 (2): 544 - 561.

LEVONTIN P, KULMALA S, HAAPASAARI P, KUIKKA S, 2011. Integration of biological, economic and sociological knowledge by Bayesian belief networks: the interdisciplinary evaluation of potential Baltic salmon management plan [J]. Journal of Marine Science, 68 (3): 632 - 638.

LI Y, HU Y, AI X, 2015. Acute and sub - acute effects of enrofloxacin on the earthworm species Eiseniafetida in an artificial soil substrate [J]. European Journal of Soil Biology (66): 19 - 23.

LICHTENBERG, ERIK, PARKER, 1997. Economics and pesticide regulation [Z]. Choices the Magazine of Food Farm &. Resource Issues.

LITTLE D P, 1984. Critical socio - economic variables in African pastoral livestock development: toward a comparative framework [M]. In Livestock development in sub - Saharan Africa: constraints, prospects, policy.

LUSK J L, NORWOOD F B, PRUITT J R, 2006. Consumer Demand for a Ban on Antibiotic Drug Use in Pork Production [J]. Amer. J. Agr. Econ, 88 (4): 1015 - 1033.

MACDONALD J M, WANG S L, 2011. Foregoing Sub - therapeutic Antibiotics: the Impact on Broiler Grow - out Operations [J]. Applied Economic Perspectives &. Policy, 33 (1): 79 - 98.

MAGDER L S, HUGHES J P, 2008. Logistic regression when the outcome is measured with uncertainty [J]. American Journal of Epidemiology, 17 (2): 195 - 203.

MAHEWS K, 2001. Antimicrobial drug use and veterinary costs in U. S [J]. Livestock Production (766): 761 - 768.

MANN T, PAULSEN A, 1976. Economic Impact of Restricting Feed Additives in Livestock and Poultry Production [J]. American Journal of Agricultural Economics, 58 (1): 47 - 53.

MARIA T, HERDEIRO, ADOLFO, FIGUEIRAS, JORGE, 2006. Influence of pharmacists' attitudes on adverse drug reaction reporting: a case - control study in Portugal [J]. Drug Safety, 29 (4): 331 - 340.

MARSHALL B M, LEVY S B, 2011. Food animals and antimicrobials: impacts on human health [J]. Clinical Microbiology Reviews, 24 (4): 718 - 733.

MARTELLI G, 2009. Consumers' perception of farm animal welfare: An Italian and European perspective [J]. Italian Journal of Animal Science, 8 (1): 31 - 41.

MARTIN G, 2006. The global health governance of antimicrobial effectiveness [J]. Globalization and Health, 2 (1): 7.

MARTIN S W, MEEK A M, WILLERBERG P, 1987. Veterinary pidemiology: principles and methods [M]. Iowa State University Press.

MATHEWS K H J, 2001. Antimicrobial Drug Use and Veterinary Cost in U. S. Livestock Production [M]. Agricultural Information Bulletins.

MCBRIDE W D, KEY N D, MATHEWS K H J, 2011. Sub - therapeutic Antibiotics and Impacts on U. S. Hog Farms [C]. 2011 Annual Meeting, July 24 - 26, 2011, Pittsburgh, Pennsylvania. Agricultural and Applied Economics Association.

MCBRIDE W D, KEY N, MATHEWS K H, 2006. Sub - therapeutic Antibiotics and Productivity in U. S. Hog production [C]. Selected paper for AAEA meeting, Long Beach, California (7): 23 - 26.

MCBRIDE W D, KEY N, MATHEWS K H, 2008. Subtherapeutic antibiotics and productivity in U. S. hog production [J]. Applied Economic Perspectives and Policy, 30 (2): 270 - 288.

MCINERNEY J P, HOWE K S, SCHEPERS J A, 1992. A framework for the economic analysis of disease in farm livestock [J]. Prev. vet. Med (13): 137 - 154.

MCINERNEY, JOSEPH D, 1993. The gene civilization. Francois gros, lee F. scanlon. Quarterly Review of Biology, 68 (1).

MEAD G C, 2000. Prospects for 'competitive exclusion' treatment to control salmonellas and other foodborne pathogens in poultry [J]. Veterinary Journal, 159 (2): 111 - 123.

MEREL, POSTMA, ANNETTE, BACKHANS, LUCIE, COLLINEAU, SVENJA, LOESKEN, MARIE, 2016. Evaluation of the relationship between the biosecurity status, production parameters, herd characteristics and antimicrobial usage in farrow - to - finish pig production in four eu countries [J]. Porcine Health Management, 2 (1).

MORAN D, 2017. Antimicrobial resistance in animal agriculture: understanding user attitudes and behaviours [J]. Veterinary Record, 181 (19): 508 - 509.

NEWHAM L T H, 2009. A bayesian network approach to integrating economic and biophysical modelling. 18th world imacs congress and modsim09 international congress on modelling and simulation: interfacing modelling and simulation with mathematical and computationalences [J]. DOI: 10. 1002/NME. 2413.

OCHIENG B J, HOBBS J E, 2017. Factors affecting cattle producers' willingness to adopt an Escherichia coli O157: H7 vaccine: a probit analysis [J]. International Food and Agribusiness Management Association 20 (3): 347 – 363.

ODONGO J, 2014. Impact of Vaccine on Antimicrobial Resistance International [J]. Journal of Research and Innovation in Applied Science (118): 2454 – 6194.

PENEVA M, 2011. Animal welfare: the EU policy and consumers' perspectives [Z]. Problems of World Agriculture / Problemy Rolnictwa Światowego.

PHILLIPS I, CASEWELL M, COX T, 2004. Does the use of antibiotics in food animals pose a risk to human health? A critical review of published data [J]. Journal of Antimicrobial Chemotherapy, 53 (1): 28 – 52.

POPELKA P, NAGY J S. MARCINÁK, 2005. Comparison of sensitivity of various screening assays and liquid chromatography technique for penicillin residue detection in milk [J]. Bulletin – Veterinary Institute in Pulawy, 48 (3): 273 – 276.

POSSATI L, CAMPIONI D, SOLA F, LEONE L, CORALLINI A, 1999. Antiangiogenic, antitumoural and antimetastatic effects of two distamycin a derivative with antihiv – 1 tat activity in a kaposi's sarcomalike murine model [J]. Clinical & Experimental Metastasis, 17 (7): 575 – 582.

POSTMA M, BACKHANS A, COLLINEAU L, 2016. Evaluation of the relationship between the biosecurity status, production parameters, herd characteristics and antimicrobial usage in farrow – to – finish pig production in four EU countrie. Porcine Healt Mangement, 2 (1).

PUTT S N H, SHAW A P M, WOODS A J, TYLER L, JAMES AD, 1987. Veterinary epidemiology and economics on Africa. A manual for field use in the design and appraisal of livestock policy [R]. International Livestock Centre for Africa, Addis Ababa.

RAHAM J P, J BOLAND E, SIL – BERGELD, 2007. Growth Promoting Antibiotics in Food Animal Production: An Economic Analysis [J]. Public Health Reports, 122 (1): 79 – 87.

RIVAS A L, FASINA F O, HOOGESTEYN A L, KONAH S N, FEBLES J L, PERKINS D J, 2012. Connecting network properties of rapidly disseminating epizoonotics [J]. PLoS ONE, 7 (6): e39778.

RODRIGUES D, OSTA M, GASA J, CALDERÓN DÍAZ J A, 2019. Using the Biocheck. UGent™ scoring tool in Irish farrow - to - finish pig farms: Assessing biosecurity and its relation to productive performance [J]. Porcine Health Manag, 1 (5): 4.

ROGER V L, GO A S, LLOYD - JONES D M, BENJAMIN E J, BERRY J D, BORDEN W B, 2010. Heart disease and stroke statistics 2012 update: a report from the American heart association [J]. Circulation, 125 (1): 188.

RUMBERGER J A, BEHRENBECK T, BELL M R, BREEN J F, JOHNSTON D L, HOLMES D R, 1997. Determination of ventricular ejection fraction: a comparison of available imaging methods. The cardiovascular imaging working group [J]. Mayo Clinic Proceedings Mayo Clinic, 72 (9): 860 - 70.

SAATKAMP H W, ROSKAM J L, GOCSIK E, 2012. Quality management in broiler and pork supply chains mimed at reducing risks of antimicrobial resistance: An elicitation workshop [C]. Innsbruck - Igls: International European Forum on System Dynamics and Innovation.

SALOIS M, BAKER K, WATKINS K, 2016. The impact of antibiotic - free production on broiler chick - en health: an econometric analysis [C]. 2016 Annual Meeting, February 6 - 9 San Antonio, Texas. South - ern Agricultural Economics.

SHANKAR B, THIRTLE C, 2005. Pesticides productivity and transgenic cotton technology: The South African smallholder case [J]. Journal of Agricultural Economics, 56 (1): 97 - 116.

SMITH L K, GOMEZ M J, SHATALIN K Y, LEE H, NEYFAKH E A, 2007. Monitoring of gene knockouts: genome - wide profiling of conditionally essential genes, Genome Biology, 8 (5): 87.

SNEERINGER S, MACDONALD J, KEY N, 2015. Economics of Antibiotic Use in U. S. Livestock Production [J]. Social ence Electronic Publishing, 51 (6): 4424 - 4432.

SOCKETT P, 2014. Foodborne diseases: prevalence of foodborne diseases in north america -sciencedirect [J]. Encyclopedia of Food Safety (1): 276 - 286.

STÄRK A, REGULA, HERNANDEZ, KNOPF L, K FUCHS, MORRIS R S, DAVIES P, 2006. Concepts for risk - based surveillance in the field of veterinary medicine and veterinary public health: Review of current approache [J]. BMC Health Services

Research，28 (6)：20.

TAMBI E N，MOINA O W，MUKHEBI A W，1999. Economic impact assessment of rinderpest control in africa ［J］. Revue Scientifique et Technique de l'OIE，18 (2)：458－477.

TAMBI N E，MUKHEBI W A，MAINA W O，SOLOMON H M，1999. Probit analysis of livestock producers' demand for private veterinary services in the high potential areas of Kenya ［J］. Agric. Syst (59)：163－176.

UMALI D L，FEDER G，HAAN C D，1992. The balance between public and private sector activities in the delivery of livestock services ［J］. World Bank Discussion Papers. 43 (12) .

VARMA K J，ADAMS P E，POWERS T E，POWERS J D，LAMENDOLA J F，2010. Pharmacokinetics of florfenicol in veal calves ［J］. Journal of Veterinary Pharmacology. Therapeutics，9 (4)：412－425. DOI：10.1111/j.1365－2885. 1986.

WADE M A，BARKLEY A P，1992. The economic impacts of a ban on subtherapeutic antibiotics in swine production ［J］. Agribusiness (8)：93－107.

WEST M，HARRISON J，1989. Exponential family dynamic models ［M］. Springer New York.

WHO，2000. World Health Organization Global principles for the containment of antimicrobial resistance in animals intended for food ［R］. Report of WHO consultation with the participation of the FAO and OIE in Switzerland，Geneva.

WOLF C A，TONSOR G T，2015. Dairy Farmer Willingness to Supply Animal Welfare Related Practices ［C］. Aaea & Waea Joint Meeting，July26－28，San Francisco，California. Agricultural and Applied Economics Association & Western Agricultural Economics Associa.

WORLD HEALTH ORGANIZATION，2005. Proceedings of the Joint FAO/OIE/WHO expert workshop on non－human antimicrobial usage and antimicrobial resistance：Scientific assess－ment ［R］. Pages 171 in Document WHO/CDS/DIP/ZFK/04. 20，World Health.

WU D F，YANG H，ZHAO Y F，2008. Aminopurine Inhibits Lipid Accumulation Induced by Apolipoprotein E－Deficient Lipoprotein in Macrophages：Potential Role of Eukaryotic Initiation Factor－2αP－hosphorylation in Foam Cell Formation ［J］. Journal of Pharmacology Experimental Therapeutics，326 (2)：395.

XIANGFEI XIN, JIMIN W, 2012. Study on the difference in the efficiency of broiler production techn – ology among different breeding scales [C]. China Animal Husbandry Association.

YAKOWITZ S J, 1997. An introduction to bayesian networks [M]. Technometrics.